高等院校数学课程
辅导学练结合丛书

U1075980

线性代数

学练结合

主 编 解忧资料编写组
副主编 杨 珍

北京航空航天大学出版社
BEIHANG UNIVERSITY PRESS

内 容 简 介

本书为高等院校《线性代数》课程的同步辅导及学期复习用书。全书体例清晰，内容全面，重点突出，对知识难点和重点进行了详细梳理，并根据考点编写了经典习题，以便读者进行有针对性的练习。读者通过本书边学边练，可以更好地理解教材内容，掌握知识点，进而顺利通过学期课程考试。

本书适用于高等院校学生基础学习阶段和备考硕士研究生入学考试阶段使用。

图书在版编目(CIP)数据

线性代数学练结合 / 解忧资料编写组主编. -- 北京 ：北京航空航天大学出版社，2023.5

ISBN 978-7-5124-4092-0

Ⅰ. ①线… Ⅱ. ①解… Ⅲ. ①线性代数－高等学校－教学参考资料 Ⅳ. ①O151.2

中国国家版本馆 CIP 数据核字(2023)第 081157 号

版权所有，侵权必究。

线性代数学练结合

主　编　解忧资料编写组

副主编　杨　珍

策划编辑　杨国龙　　责任编辑　于　洋

*

北京航空航天大学出版社出版发行

北京市海淀区学院路 37 号(邮编 100191)　http://www.buaapress.com.cn

发行部电话：(010)82317024　传真：(010)82328026

读者信箱：qdpress@buaacm.com.cn　邮购电话：(010)82316936

北京宏伟双华印刷有限公司印装　各地书店经销

*

开本：787×1 092　1/16　印张：8.25　字数：191 千字

2023 年 5 月第 1 版　2023 年 5 月第 1 次印刷

ISBN 978-7-5124-4092-0　定价：29.00 元

若本书有倒页、脱页、缺页等印装质量问题，请与本社发行部联系调换。联系电话：(010)82317024

前　言

学练结合系列图书是解忧资料编写组结合自身多年教学辅导实践而编写的大学公共课程的资料，依据读者学习过程中的难点和学习重点进行精心编写，并把各重点高校近几年期末考试和考研的题目进行针对性训练和讲解，以帮助读者考试轻松过关、考研旗开得胜。

《线性代数》为广大理工科学生必修课程之一，也是考研的重点科目。线性代数是代数学的一个分支，主要处理线性关系问题；线性关系意即数学对象之间的关系是以一次形式来表达的。主要内容包括行列式、矩阵及其运算、线性方程组、向量组的线性相关性、相似矩阵与二次型、线性空间与线性变换等部分。

为了帮助读者掌握好本门课程，本书力求在知识体系和巩固习题上做到全面而重点突出，专门针对读者在学习中的知识难点和重点进行梳理，并根据考点编写习题进行针对性训练。编者通过对线性代数相关知识点的梳理整合，将线性代数的重难点条分缕析的呈现给读者。在编写的过程中，编者格外注重读者的接受程度，对概念、定理的讲解力求深入浅出，举例鲜活；在知识和题目的讲解上注重思路分析和方法探求，侧重授之以渔和举一反三。

随着计算机及其应用技术的飞速发展，很多实际问题得以离散化而得到定量的解决。作为离散化和数值计算理论基础的线性代数，为解决实际问题提供了强有力的数学工具。因此，“线性代数”课程的作用与地位不言而喻。通过对该书的学习，读者可以掌握线性代数的基本概念、基本理论、基本方法和具有比较熟练的运算技能，为学习后继课程和进一步获取数学知识奠定必要的数学基础；并使读者受到线性代数的思想方法熏陶和运用它们解决实际问题的基本训练；培养学生具有一定的抽象思维能力、逻辑推理能力、空间想象能力以及综合运用所学知识进行分析、解决实际问题的能力。

本书由解忧资料编写组主持编写，杨珍担任副主编，其中杨珍编写了第 2 章、第 3 章和第 4 章。

编　者

2023 年 3 月

前　言

目　录

第 1 章　矩阵的运算与初等变换

知识扫描

矩阵的运算与初等变换是全书的基础，难度不大，但十分关键.读者在复习时，可借助思维导图和列举的要点着重掌握.

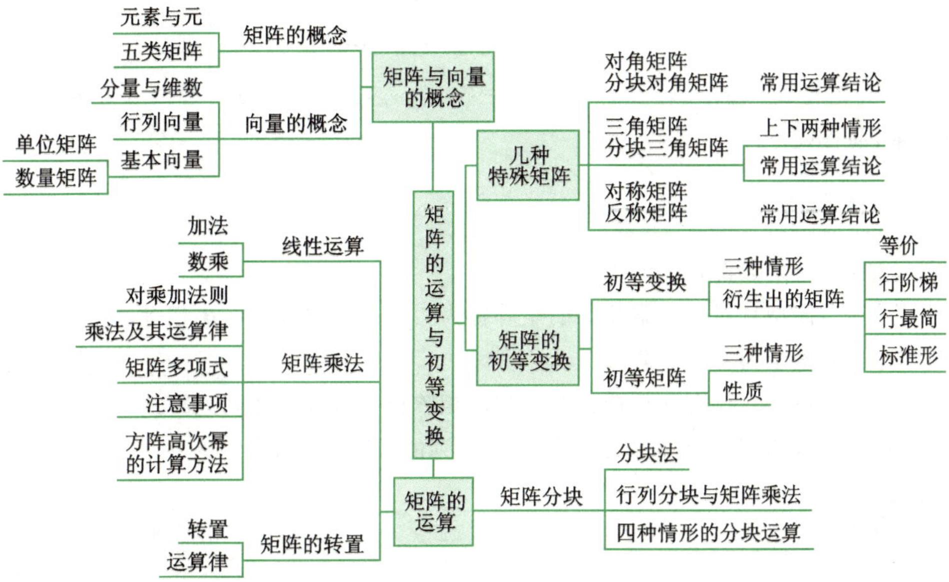

1. 理解矩阵的概念，了解单位矩阵、数量矩阵、对角矩阵、三角矩阵、对称矩阵和反对称矩阵以及它们的性质.

2. 掌握矩阵的线性运算、乘法、转置以及它们的运算规律，了解方阵的幂与方阵乘积的行列式的性质.

3. 理解矩阵的初等变换的概念，了解初等矩阵的性质和矩阵等价的概念.

4. 了解分块矩阵及其运算.

§1 矩阵与向量的概念

要点1 矩阵的概念★

1. 矩阵的定义

由 $m\times n$ 个数排成 m 行 n 列的数表 $\begin{bmatrix} a_{11} & a_{12} & \cdots & a_{1n} \\ a_{21} & a_{22} & \cdots & a_{2n} \\ \vdots & \vdots & & \vdots \\ a_{m1} & a_{m2} & \cdots & a_{mn} \end{bmatrix}$ 称为 m 行 n 列矩阵，或称 $m\times n$ 矩阵. 记作 $\boldsymbol{A}$，$\boldsymbol{A}_{m\times n}$，$\boldsymbol{A}=(a_{ij})$，或 $\boldsymbol{A}=(a_{ij})_{m\times n}$，其中 a_{ij} 称为矩阵 $\boldsymbol{A}$ 的第 i 行第 j 列的元素，简称 (i,j) 元.

2. 相关概念

同型矩阵：行列数都相同的矩阵.

相等矩阵：同型且对应元素相等的矩阵称为相等矩阵. 矩阵 $\boldsymbol{A}$，$\boldsymbol{B}$ 相等，记作 $\boldsymbol{A}=\boldsymbol{B}$.

零矩阵：元素全为零的矩阵.

行矩阵与列矩阵：仅有一行或仅有一列的矩阵称为行矩阵或列矩阵.

方阵：行列数相同的矩阵称为方阵，n 行 n 列的方阵称为 n 阶方阵.

以例明理

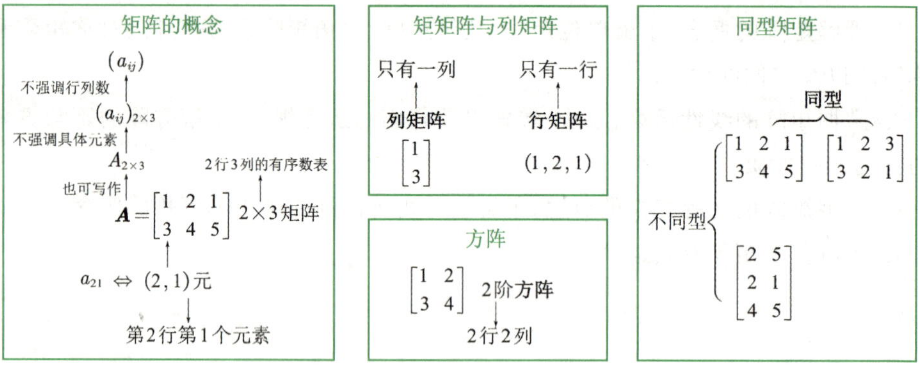

要点2 向量的概念★

1. 向量的定义

含有 n 个元素的行矩阵或列矩阵称为 n 维行向量或列向量，也统称为 n 维向量，简称向量. 常用希腊字母表示，向量的第 i 个元素称为第 i 个分量.

2. 相关概念

基本向量：只有一个元素为 1，其余元素为 0 的向量称为基本向量. 基本列向量一般用 $\boldsymbol{e}$ 表示，基本行向量一般用 $\boldsymbol{f}$ 表示.

单位矩阵：方阵上 $(i,i)(i=1,2,\cdots,n)$ 元所在的对角线称为主对角线. n 个 n 维基本行(列)向量排成的主对角线上的元素全为 1 的方阵，称为单位矩阵，记作 $\boldsymbol{E}$. 单位矩阵的 (i,j) 元为 $\delta_{ij}=\begin{cases}1, i=j\\0, i\neq j\end{cases}$.

以例明理

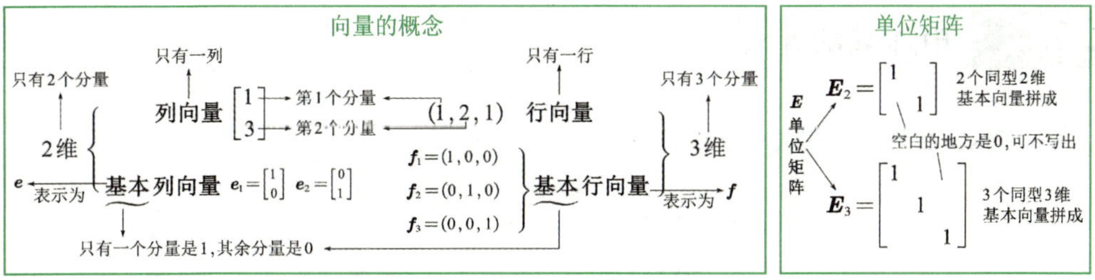

§2　矩阵的运算

要点 1　矩阵的线性运算★

矩阵的加法和数乘运算统称为矩阵的线性运算，满足普通的加法和乘法的相关运算律.

1. 加　法

加法：同型矩阵才能相加，和矩阵为同型矩阵，元素为同位置元素的和.

负矩阵：称 $-\boldsymbol{A}$ 为 $\boldsymbol{A}$ 的负矩阵，若 $\boldsymbol{A}=(a_{ij})$，则 $-\boldsymbol{A}=(-a_{ij})$.

减法：将 $\boldsymbol{A}-\boldsymbol{B}$ 定义为 $\boldsymbol{A}+(-\boldsymbol{B})$，即 $\boldsymbol{A}-\boldsymbol{B}=\boldsymbol{A}+(-\boldsymbol{B})$.

2. 数乘矩阵

数 λ 与矩阵 $\boldsymbol{A}=(a_{ij})$ 的乘积记作 $\lambda\boldsymbol{A}$，规定 $\lambda\boldsymbol{A}=\boldsymbol{A}\lambda=(\lambda a_{ij})$.

以例明理

矩阵的加法与数乘

设矩阵 $\boldsymbol{A}=\begin{bmatrix}x & -1\\ 0 & 1\end{bmatrix}$，$\boldsymbol{B}=\begin{bmatrix}-1 & y\\ 2 & 0\end{bmatrix}$，$\boldsymbol{C}=\begin{bmatrix}1 & -1\\ 2 & 1\end{bmatrix}$，且 $\boldsymbol{C}=\boldsymbol{A}+\boldsymbol{B}$，$\boldsymbol{D}=\boldsymbol{A}-3\boldsymbol{B}$，求 $x,y,2\boldsymbol{A},\boldsymbol{D}$.

解：$\boldsymbol{A}+\boldsymbol{B}=\begin{bmatrix}x & -1\\ 0 & 1\end{bmatrix}+\begin{bmatrix}-1 & y\\ 2 & 0\end{bmatrix}=\begin{bmatrix}x-1 & y-1\\ 2 & 1\end{bmatrix}$，

$\boldsymbol{C}=\boldsymbol{A}+\boldsymbol{B}\Rightarrow\begin{bmatrix}1 & -1\\ 2 & 1\end{bmatrix}=\begin{bmatrix}x-1 & y-1\\ 2 & 1\end{bmatrix}\Rightarrow\begin{cases}x-1=1\\ y-1=-1\end{cases}\Rightarrow\begin{cases}x=2\\ y=0\end{cases}$；

$2\boldsymbol{A}=2\begin{bmatrix}x & -1\\ 0 & 1\end{bmatrix}=\begin{bmatrix}2x & -2\\ 0 & 2\end{bmatrix}=\begin{bmatrix}4 & -2\\ 0 & 2\end{bmatrix}$；

$\boldsymbol{D}=\boldsymbol{A}-3\boldsymbol{B}=\begin{bmatrix}x & -1\\ 0 & 1\end{bmatrix}-3\begin{bmatrix}-1 & y\\ 2 & 0\end{bmatrix}=\begin{bmatrix}x+3 & -1-3y\\ -6 & 1\end{bmatrix}=\begin{bmatrix}5 & -1\\ -6 & 1\end{bmatrix}$.

要点 2 矩阵乘法★★

1. 对乘加法则：向量的乘法

设 $\boldsymbol{x}=(x_1,x_2,\cdots,x_n)$，$\boldsymbol{y}=\begin{bmatrix}y_1\\ y_2\\ \vdots\\ y_n\end{bmatrix}$，规定 $\boldsymbol{x}$ 与 $\boldsymbol{y}$ 的乘积为

$$\boldsymbol{xy}=(x_1,x_2,\cdots,x_n)\begin{bmatrix}y_1\\ y_2\\ \vdots\\ y_n\end{bmatrix}=x_1y_1+x_2y_2+\cdots+x_ny_n.$$

2. 矩阵的乘法

(1) 定　义

设 $\boldsymbol{A}=(a_{ij})_{m\times n}$，$\boldsymbol{B}=(b_{ij})_{n\times p}$. 规定 $\boldsymbol{A}$ 与 $\boldsymbol{B}$ 的乘积记作 $\boldsymbol{C}=\boldsymbol{AB}$，其为 $C=(c_{ij})_{m\times p}$，其中 c_{ij} 为 $\boldsymbol{A}$ 的第 i 行与 $\boldsymbol{B}$ 的第 j 列的“对乘加”，即

$$c_{ij}=a_{i1}b_{1j}+a_{i2}b_{2j}+\cdots+a_{in}b_{nj}=\sum_{k=1}^{n}a_{ik}b_{kj}\,(i=1,2,\cdots,m;j=1,2,\cdots,p)$$

这便是矩阵的乘法.

(2) 运算律

一般地，矩阵的乘法运算不满足交换律. 若 $\boldsymbol{AB}\neq\boldsymbol{BA}$，称 $\boldsymbol{AB}$ 不可换，反之，称为可换. 规定 $\boldsymbol{A}^0=E$. aE 与任何方阵都可换.

两矩阵可乘，则有前者的列数=后者的行数；两矩阵可换，则有两矩阵是同阶方阵，否则必不可换.

矩阵的乘法满足一般乘法的结合律和分配律以及幂运算规律.

(3) 矩阵多项式

称 $f(\boldsymbol{A})=a_m\boldsymbol{A}^m+a_{m-1}\boldsymbol{A}^{m-1}+\cdots+a_1\boldsymbol{A}+a_0E$ 为方阵 $\boldsymbol{A}$ 的 m 阶矩阵多项式.

以例明理

矩阵的乘法

$$(-3,2,1)\begin{bmatrix}2\\3\\-1\end{bmatrix}=-3\times2+2\times3+1\times(-1)=-1.$$

对乘加

$$\begin{bmatrix}2\\-1\\3\end{bmatrix}(1,-2)=\begin{bmatrix}2\times1 & 2\times(-2)\\-1\times1 & -1\times(-2)\\3\times1 & 3\times(-2)\end{bmatrix}=\begin{bmatrix}2&-4\\-1&2\\3&-6\end{bmatrix}.$$

$$\begin{bmatrix}2\\-1\\3\end{bmatrix}(1,-2)=\begin{bmatrix}2\times1 & 2\times(-2)\\-1\times1 & -1\times(-2)\\3\times1 & 3\times(-2)\end{bmatrix}=\begin{bmatrix}2&-4\\-1&2\\3&-6\end{bmatrix}.$$

$$(x_1,x_2,x_3)\begin{bmatrix}1&0&-1\\0&2&1\\-1&1&3\end{bmatrix}\begin{bmatrix}x_1\\x_2\\x_3\end{bmatrix}=x_1^2+2x_2^2+3x_3^2-2x_1x_3+2x_2x_3.$$

$$\begin{bmatrix}4&-1&2\\1&1&0\\0&3&1\end{bmatrix}\begin{bmatrix}1&2\\0&1\\3&0\end{bmatrix}=\begin{bmatrix}4\times1+(-1)\times0+2\times3 & 4\times2+(-1)\times1+2\times0\\1\times1+1\times0+0\times3 & 1\times2+1\times0+0\times0\\0\times1+3\times0+1\times3 & 0\times2+3\times1+1\times0\end{bmatrix}=\begin{bmatrix}10&7\\1&3\\3&3\end{bmatrix}.$$

$$\boldsymbol{A}=\begin{bmatrix}-1&-1\\1&1\end{bmatrix},\boldsymbol{B}=\begin{bmatrix}-1&1\\1&-1\end{bmatrix}\Rightarrow\begin{cases}\boldsymbol{AB}=\begin{bmatrix}-1&-1\\1&1\end{bmatrix}\begin{bmatrix}-1&1\\1&-1\end{bmatrix}=\begin{bmatrix}0&0\\0&0\end{bmatrix},\\\boldsymbol{BA}=\begin{bmatrix}-1&1\\1&-1\end{bmatrix}\begin{bmatrix}-1&-1\\1&1\end{bmatrix}=\begin{bmatrix}2&2\\-2&-2\end{bmatrix}.\end{cases}\quad\boldsymbol{AB}\neq\boldsymbol{BA}$$

矩阵多项式

x 的多项式

$f(x)=x^2-3x+2$

$\boldsymbol{A}=\begin{bmatrix}1&-1&2\\0&1&-1\\1&2&1\end{bmatrix}$ 的多项式

$$\begin{aligned}f(\boldsymbol{A})&=\boldsymbol{A}^2-3\boldsymbol{A}+2\boldsymbol{E}\\&=\begin{bmatrix}1&-1&2\\0&1&-1\\1&2&1\end{bmatrix}^2-3\begin{bmatrix}1&-1&2\\0&1&-1\\1&2&1\end{bmatrix}+2\begin{bmatrix}1&0&0\\0&1&0\\0&0&1\end{bmatrix}\\&=\begin{bmatrix}3&2&5\\-1&-1&-2\\2&3&1\end{bmatrix}-\begin{bmatrix}3&-3&6\\0&3&-3\\3&6&3\end{bmatrix}+\begin{bmatrix}2&0&0\\0&2&0\\0&0&2\end{bmatrix}\\&=\begin{bmatrix}2&5&-1\\-1&-2&1\\-1&-3&0\end{bmatrix}.\end{aligned}$$

(4) 注意事项

一般地,会有以下结论需要注意:

$\boldsymbol{AB}=\boldsymbol{BA}$,$(\boldsymbol{AB})^k=\boldsymbol{A}^k\boldsymbol{B}^k$ 未必成立.

$\boldsymbol{AB}=\boldsymbol{O}\not\Rightarrow\boldsymbol{A}=\boldsymbol{O}$ 或 $\boldsymbol{B}=\boldsymbol{O}$;但 $\boldsymbol{A}=\boldsymbol{O}$ 或 $\boldsymbol{B}=\boldsymbol{O}\Rightarrow\boldsymbol{AB}=\boldsymbol{O}$.

$\boldsymbol{AB}=\boldsymbol{AC}$,且 $\boldsymbol{A}\neq\boldsymbol{O}\not\Rightarrow\boldsymbol{B}=\boldsymbol{C}$;但当 $\boldsymbol{A}$ 可逆(在第 3 章)时可以推出.

$(\boldsymbol{A}+\boldsymbol{B})^2=\boldsymbol{A}^2+\boldsymbol{AB}+\boldsymbol{BA}+\boldsymbol{B}^2=\boldsymbol{A}^2+2\boldsymbol{AB}+\boldsymbol{B}^2$ 未必成立.

$(\boldsymbol{A}+\boldsymbol{E})^2=\boldsymbol{A}^2+2\boldsymbol{A}+\boldsymbol{E}$.

3. 计算 A^n 的方法★★★

情形 1　若 $\boldsymbol{A}=\boldsymbol{\alpha\beta}$,且 $\boldsymbol{\beta\alpha}=k$,则

$$\boldsymbol{A}^n=(\boldsymbol{\alpha\beta})^n=\boldsymbol{\alpha}(\boldsymbol{\beta\alpha})^{n-1}\boldsymbol{\beta}=k^{n-1}\boldsymbol{\alpha\beta}=k^{n-1}\boldsymbol{A}.$$

情形 2　主对角元相同的上(下)三角形矩阵 $\boldsymbol{A}$ 的 $\boldsymbol{A}^n$,将 $\boldsymbol{A}$ 写作 $\boldsymbol{A}=k\boldsymbol{E}+\boldsymbol{B}$,依次计算 $\boldsymbol{B}^2,\boldsymbol{B}^3,\cdots,\boldsymbol{B}^n$,从而

$$\boldsymbol{A}^n=(k\boldsymbol{E}+\boldsymbol{B})^n=\sum_{k=0}^{n}C_n^k(k\boldsymbol{E})^{n-k}\boldsymbol{B}^k.$$

因为 $\boldsymbol{B}^3=\boldsymbol{B}^4=\cdots=\boldsymbol{B}^n=\boldsymbol{O}$,所以

$$\boldsymbol{A}^n=(k\boldsymbol{E}+\boldsymbol{B})^n=k^n\boldsymbol{E}+nk^{n-1}\boldsymbol{B}+\frac{1}{2}n(n-1)k^{n-2}\boldsymbol{B}^2.$$

或者用数学归纳法.

【举例】

1. 若 $\boldsymbol{A},\boldsymbol{B}$ 均为 n 阶方阵,则下列命题错误的个数为(　).

① $(\boldsymbol{A}+\boldsymbol{B})^2=\boldsymbol{A}^2+2\boldsymbol{AB}+\boldsymbol{B}^2$　　② $\boldsymbol{AB}=\boldsymbol{O}$ 时，$\boldsymbol{A}=\boldsymbol{O}$ 或 $\boldsymbol{B}=\boldsymbol{O}$

③ $\boldsymbol{A}^2=\boldsymbol{A}$，则 $\boldsymbol{A}=\boldsymbol{E}$ 或 $\boldsymbol{A}=\boldsymbol{O}$　　④ $\boldsymbol{AB}=\boldsymbol{AC}$，且 $\boldsymbol{A}\neq\boldsymbol{O}$，则 $\boldsymbol{B}=\boldsymbol{C}$

A. 1　　B. 2　　C. 3　　D. 4

2. 设 $\boldsymbol{A}=\begin{bmatrix}1&0&1\\0&2&0\\1&0&1\end{bmatrix}$，$n\geqslant 2$ 为整数. 求 $\boldsymbol{A}^n-2\boldsymbol{A}^{n-1}$.

3. 设 $\boldsymbol{A}=\begin{bmatrix}1&1&0\\0&1&1\\0&0&1\end{bmatrix}$，$n\geqslant 2$ 为整数. 求 $\boldsymbol{A}^n$.

4. 设矩阵 $\boldsymbol{A}=\begin{bmatrix}2&1&2\\-6&-3&-6\\4&2&4\end{bmatrix}$，$n\geqslant 2$ 为整数. 求 $\boldsymbol{A}^n$.

【解析】

1. 解：

$(\boldsymbol{A}+\boldsymbol{B})^2=\boldsymbol{A}^2+\boldsymbol{AB}+\boldsymbol{BA}+\boldsymbol{B}^2$，而 $\boldsymbol{AB}$ 未必可换，故①错误；

由 $\begin{bmatrix}1&0\\0&0\end{bmatrix}\begin{bmatrix}0&0\\0&1\end{bmatrix}=\begin{bmatrix}0&0\\0&0\end{bmatrix}$ 可知②错误；

由 $\begin{bmatrix}1&0\\0&0\end{bmatrix}^2=\begin{bmatrix}1&0\\0&0\end{bmatrix}$ 可知③错误；

由 $\begin{bmatrix}1&0\\0&0\end{bmatrix}\begin{bmatrix}0&0\\0&1\end{bmatrix}=\begin{bmatrix}1&0\\0&0\end{bmatrix}\begin{bmatrix}1&0\\0&2\end{bmatrix}$ 可知④错误.

因此，应选 D.

2. 解：

因为 $\boldsymbol{A}^2=\begin{bmatrix}1&0&1\\0&2&0\\1&0&1\end{bmatrix}\begin{bmatrix}1&0&1\\0&2&0\\1&0&1\end{bmatrix}=2\begin{bmatrix}1&0&1\\0&2&0\\1&0&1\end{bmatrix}=2\boldsymbol{A}$，所以 $\boldsymbol{A}^2=2\boldsymbol{A}$，故

$$\boldsymbol{A}^n-2\boldsymbol{A}^{n-1}=\boldsymbol{A}^{n-2}(\boldsymbol{A}^2-2\boldsymbol{A})=\boldsymbol{A}^{n-2}\boldsymbol{O}=\boldsymbol{O}.$$

3. 解：

由题 $\boldsymbol{A}=\begin{bmatrix}1&1&0\\0&1&1\\0&0&1\end{bmatrix}=\boldsymbol{E}+\boldsymbol{B}$，$\boldsymbol{B}=\begin{bmatrix}0&1&0\\0&1&1\\0&0&0\end{bmatrix}$. 依次计算 $\boldsymbol{B}^2,\boldsymbol{B}^3,\cdots,\boldsymbol{B}^n$，得 $\boldsymbol{B}^2=\begin{bmatrix}0&0&1\\0&0&0\\0&0&0\end{bmatrix}$，且 $\boldsymbol{B}^3=\boldsymbol{B}^4=\cdots=\boldsymbol{B}^n=\boldsymbol{O}$.

由展开定理 $\boldsymbol{A}^n=(k\boldsymbol{E}+\boldsymbol{B})^n=\sum\limits_{k=0}^{n}C_n^k(k\boldsymbol{E})^{n-k}\boldsymbol{B}^k$，可得

$$A^n=(E+B)^n=E+nB+\frac{1}{2}n(n-1)B^2=\begin{bmatrix}1 & n & \frac{n(n-1)}{2}\\ 0 & 1 & n\\ 0 & 0 & 1\end{bmatrix}.$$

4. 解：

$A=\begin{bmatrix}2 & 1 & 2\\ -6 & -3 & -6\\ 4 & 2 & 4\end{bmatrix}=\begin{bmatrix}1\\ -3\\ 2\end{bmatrix}(2,1,2)$，设 $\alpha=\begin{bmatrix}1\\ -3\\ 2\end{bmatrix}$，$\beta=(2,1,2)$，则 $A=\alpha\beta$. 又 $\beta\alpha=2-3+4=3$，从而

$$A^n=\underbrace{(\alpha\beta)(\alpha\beta)\cdots(\alpha\beta)}_{n个(\alpha\beta)}=\alpha(\beta\alpha)^{n-1}\beta$$

$$=3^{n-1}A=3^{n-1}\begin{bmatrix}2 & 1 & 2\\ -6 & -3 & -6\\ 4 & 2 & 4\end{bmatrix}.$$

要点 3　矩阵的转置★★

1. 定　义

设 $A=(a_{ij})_{m\times n}$，称 $A^T=(a_{ji})_{n\times m}$ 为 A 的转置矩阵.

向量 $y=\begin{bmatrix}y_1\\ y_2\\ \vdots\\ y_n\end{bmatrix}$ 可记为 $y=(y_1,y_2,\cdots,y_n)^T$.

2. 运算律

(1) $(A^T)^T=A$

(2) $(A+B)^T=A^T+B^T$

(3) $(\lambda A)^T=\lambda A^T$

(4) $(ABC)^T=C^TB^TA^T$

运算律的前三条都好理解，第 4 条较难理解，证明如下：

只需求证出 $(AB)^T=B^TA^T$，而 $(ABC)^T=C^TB^TA^T$ 便可轻松得到.

证明：

设 $A=(a_{ij})_{m\times n}$，$B=(b_{ij})_{n\times p}$，$AB=C=(c_{ij})_{m\times p}$，$B^TA^T=D=(d_{ij})_{p\times m}$，则有

$$(AB)^T=C^T=(c_{ji})_{p\times m}，B^T=(b_{ij})_{p\times n}，A^T=(a_{ji})_{n\times m}.$$

由矩阵乘法的定义：

$$\left.\begin{aligned} c_{ji} &= (a_{j1}, a_{j2}, \cdots, a_{jn}) \begin{bmatrix} b_{1i} \\ b_{2i} \\ \vdots \\ b_{ni} \end{bmatrix} = \sum_{k=1}^{n} a_{jk} b_{ki} \\ d_{ij} &= (b_{1i}, a_{2i}, \cdots, a_{ni}) \begin{bmatrix} a_{j1} \\ a_{j2} \\ \vdots \\ a_{jn} \end{bmatrix} = \sum_{k=1}^{n} a_{jk} b_{ki} \end{aligned}\right\} \Rightarrow c_{ji} = d_{ij}$$

$\Rightarrow \boldsymbol{C}^{\mathrm{T}} = \boldsymbol{D} \Leftrightarrow \boldsymbol{AB} = \boldsymbol{B}^{\mathrm{T}} \boldsymbol{A}^{\mathrm{T}}$.

以例明理

矩阵的转置

1. $A = \begin{bmatrix} 2 & -4 \\ -1 & 2 \\ 3 & -6 \end{bmatrix} \Rightarrow \boldsymbol{A}^{\mathrm{T}} = \begin{bmatrix} 2 & -1 & 3 \\ -4 & 2 & -6 \end{bmatrix}$.

2. $\boldsymbol{A} = \begin{bmatrix} 1 & 0 & 1 \\ 1 & 1 & 1 \end{bmatrix}, \boldsymbol{B} = \begin{bmatrix} 1 & 1 & 1 \\ 1 & 2 & 3 \\ 1 & 0 & 1 \end{bmatrix}, (\boldsymbol{AB})^{\mathrm{T}} = ?$.

法1: $\boldsymbol{AB} = \begin{bmatrix} 1 & 0 & 1 \\ 1 & 1 & 1 \end{bmatrix} \begin{bmatrix} 1 & 1 & 1 \\ 1 & 2 & 3 \\ 1 & 0 & 1 \end{bmatrix} = \begin{bmatrix} 2 & 1 & 2 \\ 3 & 3 & 5 \end{bmatrix} \Rightarrow (\boldsymbol{AB})^{\mathrm{T}} = \begin{bmatrix} 2 & 3 \\ 1 & 3 \\ 2 & 5 \end{bmatrix}$.

法2: $(\boldsymbol{AB})^{\mathrm{T}} = \boldsymbol{B}^{\mathrm{T}} \boldsymbol{A}^{\mathrm{T}} = \begin{bmatrix} 1 & 1 & 1 \\ 1 & 2 & 0 \\ 1 & 3 & 1 \end{bmatrix} \begin{bmatrix} 1 & 1 \\ 0 & 1 \\ 1 & 1 \end{bmatrix} = \begin{bmatrix} 2 & 3 \\ 1 & 3 \\ 2 & 5 \end{bmatrix}$.

要点 4 分块矩阵及矩阵的分块运算★

1. 分块矩阵

(1) 定　义

用若干条横线和竖线将矩阵分成若干个小矩阵(称为子块),则该矩阵以这些子块为元素,故可称为分块矩阵.这种分割矩阵的方法称为分块法.

(2) 相关分块方法

矩阵按行分块得到分块列矩阵,按列分块得到分块行矩阵.将矩阵 $\boldsymbol{A}$ 按行和列分块的结果:

$$\boldsymbol{A} = \begin{bmatrix} \boldsymbol{\alpha}_1 \\ \boldsymbol{\alpha}_2 \\ \vdots \\ \boldsymbol{\alpha}_m \end{bmatrix} = (\boldsymbol{\beta}_1, \boldsymbol{\beta}_2, \cdots, \boldsymbol{\beta}_n).$$

(3) 行列分块与矩阵乘法★★

设 $\boldsymbol{A}=\begin{bmatrix} a_{11} & a_{12} & \cdots & a_{1n} \\ a_{21} & a_{22} & \cdots & a_{2n} \\ \vdots & \vdots & & \vdots \\ a_{m1} & a_{m2} & \cdots & a_{mn} \end{bmatrix}$，$\boldsymbol{B}=\begin{bmatrix} b_{11} & b_{12} & \cdots & b_{1s} \\ b_{21} & a_{22} & \cdots & b_{2s} \\ \vdots & \vdots & & \vdots \\ b_{n1} & b_{n2} & \cdots & b_{ns} \end{bmatrix}$，且 $\boldsymbol{AB}=\boldsymbol{C}$. 分块得 $\boldsymbol{A}=(\boldsymbol{\alpha}_1,\boldsymbol{\alpha}_2,\cdots,\boldsymbol{\alpha}_m)$，$\boldsymbol{B}=\begin{bmatrix} \boldsymbol{\beta}_1 \\ \boldsymbol{\beta}_2 \\ \vdots \\ \boldsymbol{\beta}_n \end{bmatrix}$，$C=\begin{bmatrix} \boldsymbol{\varepsilon}_1 \\ \boldsymbol{\varepsilon}_2 \\ \vdots \\ \boldsymbol{\varepsilon}_m \end{bmatrix}=(\boldsymbol{\eta}_1,\boldsymbol{\eta}_2,\cdots,\boldsymbol{\eta}_s)$，则

$$\begin{cases} a_{11}\boldsymbol{\beta}_1+a_{12}\boldsymbol{\beta}_2+\cdots+a_{1n}\boldsymbol{\beta}_n=\varepsilon_1 \\ a_{21}\boldsymbol{\beta}_1+a_{22}\boldsymbol{\beta}_2+\cdots+a_{2n}\boldsymbol{\beta}_n=\boldsymbol{\varepsilon}_2 \\ \qquad\vdots \\ a_{m1}\boldsymbol{\beta}_1+a_{m2}\boldsymbol{\beta}_2+\cdots+a_{mn}\boldsymbol{\beta}_n=\boldsymbol{\varepsilon}_m \end{cases}$$

且

$$\begin{cases} b_{11}\boldsymbol{\alpha}_1+b_{21}\boldsymbol{\alpha}_2+\cdots+b_{n1}\boldsymbol{\alpha}_n=\boldsymbol{\eta}_1 \\ b_{12}\boldsymbol{\alpha}_1+a_{22}\boldsymbol{\alpha}_2+\cdots+b_{n2}\boldsymbol{\alpha}_n=\boldsymbol{\eta}_2 \\ \qquad\vdots \\ b_{1s}\boldsymbol{\alpha}_1+a_{2s}\boldsymbol{\alpha}_2+\cdots+b_{ns}\boldsymbol{\alpha}_n=\boldsymbol{\eta}_s \end{cases}$$

以例明理

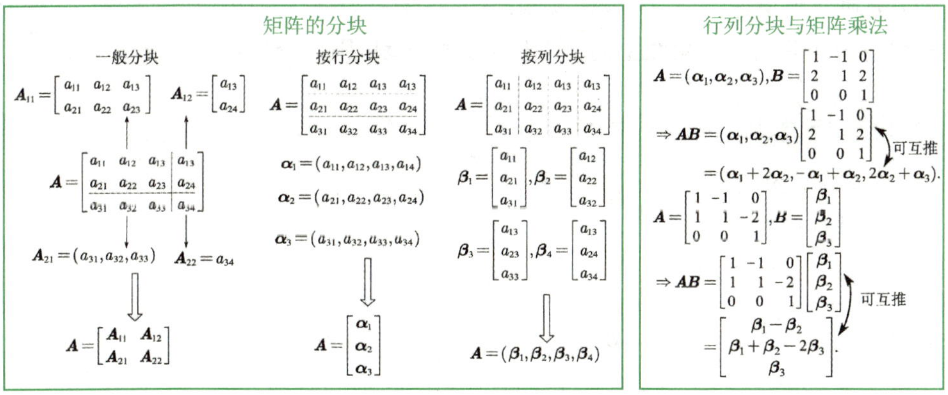

2. 矩阵的分块运算

加法运算：两分块矩阵相加是以子块为元素按矩阵加法规则相加，同时子块相加时也按矩阵加法规则相加.

数乘运算：数乘矩阵是以子块为元素按矩阵数乘规则相乘，同时数乘子块时也按矩阵数乘规则相乘.

乘法运算：两分块矩阵相乘是以子块为元素按矩阵乘法规则相乘，同时子块相乘时也要按矩阵乘法相乘.

两分块矩阵相乘要求前一个矩阵列的分法与后一个矩阵行的分法一致，并要求两对

应子块可乘.

转置运算:块矩阵转置是以子块为元素按矩阵转置规则转置,同时子块也要按矩阵转置规则转置.

§3 几种特殊矩阵

要点 1 对角矩阵与分块对角矩阵★★

1. 定　义

(1) 对角矩阵:

称方阵 $\boldsymbol{\Lambda}=\begin{bmatrix}\lambda_1 & & & \\ & \lambda_2 & & \\ & & \ddots & \\ & & & \lambda_n\end{bmatrix}$ 为对角矩阵,简记为 $\boldsymbol{\Lambda}=diag(\lambda_1,\lambda_2,\cdots,\lambda_n)$,其中未写元素全为 0. 称方阵 $\boldsymbol{\Lambda}=\begin{bmatrix}a & & & \\ & a & & \\ & & \ddots & \\ & & & a\end{bmatrix}=a\boldsymbol{E}$ 为标(数)量矩阵.

(2) 分块对角矩阵:

若将对角矩阵的主对角线上的元素换为方阵子块,则该分块矩阵为分块对角矩阵.

2. 相关运算结论

设 $\lambda\in R,k\in N^+$.

(1) 针对对角矩阵

设 $\boldsymbol{A}=\begin{bmatrix}a_1 & & & \\ & a_2 & & \\ & & \ddots & \\ & & & a_n\end{bmatrix}$,$\boldsymbol{B}=\begin{bmatrix}b_1 & & & \\ & b_2 & & \\ & & \ddots & \\ & & & b_n\end{bmatrix}$,则

$$\boldsymbol{A}\pm\boldsymbol{B}=\begin{bmatrix}a_1\pm b_1 & & & \\ & a_2\pm b_2 & & \\ & & \ddots & \\ & & & a_n\pm b_n\end{bmatrix},\quad \lambda\boldsymbol{A}=\begin{bmatrix}\lambda a_1 & & & \\ & \lambda a_2 & & \\ & & \ddots & \\ & & & \lambda a_n\end{bmatrix},$$

$$\boldsymbol{AB}=\boldsymbol{BA}=\begin{bmatrix}a_1b_1 & & & \\ & a_2b_2 & & \\ & & \ddots & \\ & & & a_nb_n\end{bmatrix},\quad \boldsymbol{A}^k=\begin{bmatrix}a_1^k & & & \\ & a_2^k & & \\ & & \ddots & \\ & & & a_n^k\end{bmatrix}.$$

(2) 针对分块对角矩阵

设 $\boldsymbol{A}=\begin{bmatrix}\boldsymbol{A}_1 & & & \\ & \boldsymbol{A}_2 & & \\ & & \ddots & \\ & & & \boldsymbol{A}_n\end{bmatrix}$，$\boldsymbol{B}=\begin{bmatrix}\boldsymbol{B}_1 & & & \\ & \boldsymbol{B}_2 & & \\ & & \ddots & \\ & & & \boldsymbol{B}_n\end{bmatrix}$，则

$$\boldsymbol{A}\pm\boldsymbol{B}=\begin{bmatrix}\boldsymbol{A}_1\pm\boldsymbol{B}_1 & & & \\ & \boldsymbol{A}_2\pm\boldsymbol{B}_2 & & \\ & & \ddots & \\ & & & \boldsymbol{A}_n\pm\boldsymbol{B}_n\end{bmatrix},\quad \lambda\boldsymbol{A}=\begin{bmatrix}\lambda\boldsymbol{A}_1 & & & \\ & \lambda\boldsymbol{A}_2 & & \\ & & \ddots & \\ & & & \lambda\boldsymbol{A}_n\end{bmatrix},$$

$$\boldsymbol{A}\boldsymbol{B}=\begin{bmatrix}\boldsymbol{A}_1\boldsymbol{B}_1 & & & \\ & \boldsymbol{A}_2\boldsymbol{B}_2 & & \\ & & \ddots & \\ & & & \boldsymbol{A}_n\boldsymbol{B}_n\end{bmatrix},\quad \boldsymbol{A}^k=\begin{bmatrix}\boldsymbol{A}_1^k & & & \\ & \boldsymbol{A}_2^k & & \\ & & \ddots & \\ & & & \boldsymbol{A}_n^k\end{bmatrix}.$$

注意：分块对角矩阵的乘法一般不可换.

要点 2　三角矩阵和分块三角矩阵★

1. 三角矩阵★★

(1) 定　义

主对角线下(上)方元素全为 0 的矩阵称为上(下)三角矩阵，而对于次(副)对角线下(上)方元素全为 0 的矩阵应化为上(下)三角矩阵来处理.

(2) 运　算

上(下)三角矩阵的线性运算和乘法运算是封闭的(结果仍为同型矩阵)，且运算后主对角元即为原来矩阵主对角元进行相应运算的结果(加法运算，和矩阵主对角元为原矩阵主对角元之和；乘法运算，乘积矩阵主对角元为原矩阵主对角元之积). 上(下)三角矩阵的转置为下(上)三角形矩阵.

2. 分块三角矩阵

分块角形矩阵我们只记这四类：$\begin{bmatrix}\boldsymbol{A} & \boldsymbol{C}\\ \boldsymbol{O} & \boldsymbol{B}\end{bmatrix}$，$\begin{bmatrix}\boldsymbol{A} & \boldsymbol{O}\\ \boldsymbol{C} & \boldsymbol{B}\end{bmatrix}$，$\begin{bmatrix}\boldsymbol{C} & \boldsymbol{A}\\ \boldsymbol{B} & \boldsymbol{O}\end{bmatrix}$，$\begin{bmatrix}\boldsymbol{O} & \boldsymbol{A}\\ \boldsymbol{B} & \boldsymbol{C}\end{bmatrix}$，其中，后两个需要化为前两个类型来进行处理.

以例明理

三角矩阵

上三角矩阵

$$\begin{bmatrix}1 & 2 & 6\\ 1 & -1 & \\ 1 & & \end{bmatrix}$$

下三角矩阵

$$\begin{bmatrix}2 & & \\ 1 & 3 & \\ 2 & -1 & -1\end{bmatrix}$$

空白的地方是0,无需写出

要点3 对称矩阵与反称矩阵★★★

1. 定　义

满足 $\boldsymbol{A}^{\mathrm{T}}=\boldsymbol{A}$,即 $a_{ij}=a_{ji}$ 的矩阵 $\boldsymbol{A}=(a_{ij})$,称为对称矩阵.

满足 $\boldsymbol{A}^{\mathrm{T}}=-\boldsymbol{A}$,即 $a_{ij}=-a_{ji}$ 的矩阵 $\boldsymbol{A}=(a_{ij})$,称为反称矩阵.

注意:务必学会利用定义证明一个方阵是对称矩阵还是反称矩阵.显然,对于反称矩阵,对角元均为0.

对于任一方阵 $\boldsymbol{A}$,都有$\dfrac{\boldsymbol{A}+\boldsymbol{A}^{\mathrm{T}}}{2}$是对称矩阵,$\dfrac{\boldsymbol{A}-\boldsymbol{A}^{\mathrm{T}}}{2}$是反称矩阵.

证:

$$\begin{cases}\left(\dfrac{\boldsymbol{A}+\boldsymbol{A}^{\mathrm{T}}}{2}\right)^{\mathrm{T}}=\dfrac{\boldsymbol{A}^{\mathrm{T}}+\boldsymbol{A}}{2}=\dfrac{\boldsymbol{A}+\boldsymbol{A}^{\mathrm{T}}}{2};\\ \left(\dfrac{\boldsymbol{A}-\boldsymbol{A}^{\mathrm{T}}}{2}\right)^{\mathrm{T}}=\dfrac{\boldsymbol{A}^{\mathrm{T}}-\boldsymbol{A}}{2}=-\dfrac{\boldsymbol{A}-\boldsymbol{A}^{\mathrm{T}}}{2}.\end{cases}$$

以例明理

对称矩阵与反称矩阵

对称矩阵

$$\begin{bmatrix}1 & 1 & 5\\ 1 & -1 & 2\\ 5 & 2 & 3\end{bmatrix}$$

对角线两边的元素相同

反称矩阵

$$\begin{bmatrix}0 & -1 & -2\\ 1 & 0 & 1\\ 2 & -1 & 0\end{bmatrix}$$

对角元全为0
对角线两边的元素相反

2. 运　算

(1) 设 $\boldsymbol{A},\boldsymbol{B}$ 为 n 阶对称矩阵,则有如下结论:

➤ $\boldsymbol{A}+\boldsymbol{B},\lambda\boldsymbol{A}$ 是对称矩阵.

证:

$$\begin{cases}(\boldsymbol{A}+\boldsymbol{B})^{\mathrm{T}}=\boldsymbol{A}^{\mathrm{T}}+\boldsymbol{B}^{\mathrm{T}}=\boldsymbol{A}+\boldsymbol{B}\\ (\lambda\boldsymbol{A})^{\mathrm{T}}=\lambda\boldsymbol{A}^{\mathrm{T}}=\lambda\boldsymbol{A}\end{cases}.$$

➢ 若 $\boldsymbol{A},\boldsymbol{B}$ 可换，则 $\boldsymbol{AB}$ 是对称矩阵.

证：

$$(\boldsymbol{AB})^{\mathrm{T}}=\boldsymbol{B}^{\mathrm{T}}\boldsymbol{A}^{\mathrm{T}}=\boldsymbol{BA}=\boldsymbol{AB}.$$

(2) 设 $\boldsymbol{A},\boldsymbol{B}$ 为 n 阶反称矩阵，则有如下结论：

➢ $\boldsymbol{A}+\boldsymbol{B},\lambda\boldsymbol{A}$ 是反称矩阵.

证：

$$\begin{cases}(\boldsymbol{A}+\boldsymbol{B})^{\mathrm{T}}=\boldsymbol{A}^{\mathrm{T}}+\boldsymbol{B}^{\mathrm{T}}=-\boldsymbol{A}-\boldsymbol{B}=-(\boldsymbol{A}+\boldsymbol{B})\\(\lambda\boldsymbol{A})^{\mathrm{T}}=\lambda\boldsymbol{A}^{\mathrm{T}}=-(\lambda\boldsymbol{A})\end{cases}.$$

若 $\boldsymbol{A},\boldsymbol{B}$ 可换，则 $\boldsymbol{AB}$ 是对称矩阵.

证：

$$(\boldsymbol{AB})^{\mathrm{T}}=\boldsymbol{B}^{\mathrm{T}}\boldsymbol{A}^{\mathrm{T}}=(-\boldsymbol{B})(-\boldsymbol{A})=\boldsymbol{BA}=\boldsymbol{AB}.$$

(3) 设 $\boldsymbol{A},\boldsymbol{B}$ 为 n 阶矩阵，一为对称矩阵，一为反称矩阵，则有如下结论：

➢ 若 $\boldsymbol{A},\boldsymbol{B}$ 可换，则 $\boldsymbol{AB}$ 是反称矩阵.

证：

$$(\boldsymbol{AB})^{\mathrm{T}}=\boldsymbol{B}^{\mathrm{T}}\boldsymbol{A}^{\mathrm{T}}=-\boldsymbol{BA}=-\boldsymbol{AB}.$$

➢ $\boldsymbol{AB}+\boldsymbol{BA}$ 是反称矩阵.

证：

$$(\boldsymbol{AB}+\boldsymbol{BA})^{\mathrm{T}}=\boldsymbol{B}^{\mathrm{T}}\boldsymbol{A}^{\mathrm{T}}+\boldsymbol{A}^{\mathrm{T}}\boldsymbol{B}^{\mathrm{T}}=-\boldsymbol{BA}-\boldsymbol{AB}=-(\boldsymbol{AB}+\boldsymbol{BA}).$$

【举例】

1. 设 $\boldsymbol{A}$ 为 $m\times n$ 阶矩阵，则下列结论不正确的是（　）.

A. $\boldsymbol{A}^{\mathrm{T}}\boldsymbol{A}$ 是对称矩阵　　B. $\boldsymbol{AA}^{\mathrm{T}}$ 是对称矩阵

C. $\boldsymbol{E}+\boldsymbol{A}^{\mathrm{T}}\boldsymbol{A}$ 是对称矩阵　　D. $\boldsymbol{A}^{\mathrm{T}}\boldsymbol{A}+\boldsymbol{AA}^{\mathrm{T}}$ 是对称矩阵

2. 证明：

(1) 若 $\boldsymbol{A}$ 为 $m\times n$ 阶矩阵，则 $\boldsymbol{AA}^{\mathrm{T}}$ 及 $\boldsymbol{A}^{\mathrm{T}}\boldsymbol{A}$ 都是对称阵.

(2) 若 $\boldsymbol{A}$ 是 n 阶对称矩阵，$\boldsymbol{B}$ 为 n 阶反对称矩阵，则 $\boldsymbol{A}-\boldsymbol{B}^2$ 是对称矩阵.

【解析】

1. 解：

A：$(\boldsymbol{A}^{\mathrm{T}}\boldsymbol{A})^{\mathrm{T}}=\boldsymbol{A}^{\mathrm{T}}\boldsymbol{A}$，故 $\boldsymbol{A}^{\mathrm{T}}\boldsymbol{A}$ 为对称矩阵.

B：$(\boldsymbol{AA}^{\mathrm{T}})^{\mathrm{T}}=\boldsymbol{AA}^{\mathrm{T}}$，故 $\boldsymbol{AA}^{\mathrm{T}}$ 为对称矩阵.

C：$(\boldsymbol{E}+\boldsymbol{A}^{\mathrm{T}}\boldsymbol{A})^{\mathrm{T}}=\boldsymbol{E}^{\mathrm{T}}+\boldsymbol{A}^{\mathrm{T}}\boldsymbol{A}=\boldsymbol{E}+\boldsymbol{A}^{\mathrm{T}}\boldsymbol{A}$，所以 $\boldsymbol{E}+\boldsymbol{A}^{\mathrm{T}}\boldsymbol{A}$ 为对称矩阵.

对于选项 D，虽然 $\boldsymbol{A}^{\mathrm{T}}\boldsymbol{A}$ 和 $\boldsymbol{AA}^{\mathrm{T}}$ 均为对称矩阵，但由于二者阶数不一定相同，不一定能够相加，故错误. 因此应选 D.

2. 证明：

(1) $(\boldsymbol{AA}^{\mathrm{T}})^{\mathrm{T}}=(\boldsymbol{A}^{\mathrm{T}})^{\mathrm{T}}\boldsymbol{A}^{\mathrm{T}}=\boldsymbol{AA}^{\mathrm{T}}$，且 $(\boldsymbol{A}^{\mathrm{T}}\boldsymbol{A})^{\mathrm{T}}=\boldsymbol{A}^{\mathrm{T}}(\boldsymbol{A}^{\mathrm{T}})^{\mathrm{T}}=\boldsymbol{A}^{\mathrm{T}}\boldsymbol{A}$，从而 $\boldsymbol{AA}^{\mathrm{T}}$ 及 $\boldsymbol{A}^{\mathrm{T}}\boldsymbol{A}$ 都是对称阵.

(2) $\boldsymbol{A}^{\mathrm{T}}=\boldsymbol{A},\boldsymbol{B}^{\mathrm{T}}=\boldsymbol{B}$，故

$$(\boldsymbol{A}-\boldsymbol{B}^2)^{\mathrm{T}}=\boldsymbol{A}^{\mathrm{T}}-(\boldsymbol{B}^2)^{\mathrm{T}}=\boldsymbol{A}-(\boldsymbol{B}^{\mathrm{T}})^2=\boldsymbol{A}-\boldsymbol{B}^2,$$

从而 $\boldsymbol{A}-\boldsymbol{B}^2$ 为对称矩阵.

【证毕】

§4 矩阵的初等变换

要点 1 初等行(列)变换★★

1. 三种初等变换的定义

倍法变换:用一个非零数 k 乘矩阵的第 i 行(列),即 $r_i\times k(c_i\times k)$;

消法变换:用一个非零数 k 乘矩阵的第 i 行(列)后再加到第 j 行(列)上去,即 $kr_i+r_j(kc_i+c_j)$;

换法变换:交换矩阵的第 i 行(列)和第 j 行(列),即 $r_i\leftrightarrow r_j(c_i\leftrightarrow c_j)$.

以例明理

初等变换

倍法变换　　换法变换　　消法变换

$$\begin{bmatrix}2&1&5\\1&-1&2\\5&10&15\end{bmatrix}\xrightarrow{r_3\times\frac{1}{5}}\begin{bmatrix}2&1&5\\1&-1&2\\1&2&3\end{bmatrix}\xrightarrow{r_1\leftrightarrow r_2}\begin{bmatrix}1&-1&2\\2&1&5\\1&2&3\end{bmatrix}\xrightarrow{-2r_1+r_2}\begin{bmatrix}1&-1&2\\0&3&1\\1&2&3\end{bmatrix};$$

$$\begin{bmatrix}2&1&5\\1&-1&10\\5&2&15\end{bmatrix}\xrightarrow{c_3\times\frac{1}{5}}\begin{bmatrix}2&1&1\\1&-1&2\\5&2&3\end{bmatrix}\xrightarrow{c_1\leftrightarrow c_2}\begin{bmatrix}1&2&1\\-1&1&2\\2&5&3\end{bmatrix}\xrightarrow{-2c_1+c_2}\begin{bmatrix}1&0&1\\-1&3&2\\2&1&3\end{bmatrix}.$$

2. 初等变换得到的矩阵

(1) 等价矩阵

通过有限次初等变换可化为相等的两个矩阵等价,称这两个矩阵是等价矩阵.

(2) 行阶梯矩阵

① 满足如下两个条件的矩阵,即为行阶梯形矩阵:

➢ 所有元素全为 0 的行(如果存在的话)都集中在矩阵的最下面;

➢ 每行左起第一个非零元素(称为首非零元)的下方元素全为 0.

② 若在一矩阵中能自上而下以一行为阶梯高画出阶梯线,使阶梯线下方元素全为 0,阶梯的起点元素(竖线后的元素)全不为 0,则此矩阵为行阶梯形矩阵. 此时,阶梯数即为非零行数.

③ 将非零矩阵化为行阶梯形矩阵的方法:从(1,1)元开始,逐行进行如下初等行变换:将 (i,i) 元正下方的元素全化为 0(若第 i 列元素全为 0,则直接处理下一行),直到处理完最后一行,便将矩阵化为行阶梯形矩阵.

(3) 行最简形矩阵★★★

① 对于行阶梯形矩阵,若非零行首非零元为 1,且其所在列其他元素全为 0,则该矩阵为行最简形矩阵.

② 将非零矩阵化为行最简形矩阵的方法：从(1,1)元开始，逐行进行如下初等行变换：将(i,i)元化为 1，再将其所在列其他元素全化为 0(若第 i 列元素全为 0，则直接处理下一行)，直到处理完最后一行，便将矩阵化为行最简形矩阵.

(4) 标准形矩阵

① 若 $\boldsymbol{G}=\begin{bmatrix}\boldsymbol{E}_r & \boldsymbol{O}\\ \boldsymbol{O} & \boldsymbol{O}\end{bmatrix}$，其中 $\boldsymbol{E}_r$ 为 r 阶单位矩阵，则称 $\boldsymbol{G}$ 为标准形矩阵.

② 将非零矩阵化为标准形矩阵的方法：从(1,1)元开始，逐行逐列进行如下初等变换：将(i,i)元化为 1，再将其正下方和正右方的元素全化为 0，直到处理到(k,k)元(其下方和右方元素全为 0)为止，便将矩阵化为标准形矩阵.

以例明理

三种重要矩阵及其化法

行阶梯形矩阵

$$\boldsymbol{A}=\begin{bmatrix}1&1&1&-2\\4&-6&-2&2\\2&-1&1&-1\end{bmatrix}\xrightarrow[-2r_1+r_3]{-4r_1+r_2}\begin{bmatrix}1&1&1&-2\\0&-10&-6&10\\0&2&2&-2\end{bmatrix}\xrightarrow[5r_2+r_3]{r_2\leftrightarrow r_3}\begin{bmatrix}1&1&1&-2\\0&2&2&-2\\0&0&4&0\end{bmatrix}=\boldsymbol{A}_1;$$

行最简形矩阵

$$\boldsymbol{A}=\begin{bmatrix}1&1&1&-2\\4&-6&-2&2\\2&-1&1&-1\end{bmatrix}\xrightarrow[-2r_1+r_3]{-4r_1+r_2}\begin{bmatrix}1&1&1&-2\\0&-10&-6&10\\0&2&2&-2\end{bmatrix}\xrightarrow[\substack{-r_2+r_1\\10r_2+r_3}]{\substack{r_3\times\frac{1}{2}\\r_2\leftrightarrow r_3}}\begin{bmatrix}1&0&0&-1\\0&1&1&-1\\0&0&4&0\end{bmatrix}\xrightarrow[-r_3+r_2]{r_3\times\frac{1}{4}}\begin{bmatrix}1&0&0&-1\\0&1&1&-1\\0&0&1&0\end{bmatrix}=\boldsymbol{A}_2;$$

标准形矩阵

$$\boldsymbol{A}=\begin{bmatrix}1&1&1&-2\\4&-6&-2&2\\2&-1&1&-1\end{bmatrix}\xrightarrow[\substack{-c_1+c_2\\-c_1+c_2\\2c_1+c_2}]{\substack{-4r_1+r_2\\-2r_1+r_3}}\begin{bmatrix}1&0&0&0\\0&-10&-6&10\\0&2&2&-2\end{bmatrix}\xrightarrow[r_2\leftrightarrow r_3]{r_3\times\frac{1}{2}}\begin{bmatrix}1&0&0&0\\0&1&1&-1\\0&-10&-6&10\end{bmatrix}\xrightarrow[\substack{-c_2+c_3\\c_2+c_4}]{10r_2+r_3}\begin{bmatrix}1&0&0&0\\0&1&1&-1\\0&-10&-6&10\end{bmatrix}\xrightarrow[\substack{-c_2+c_3\\c_2+c_4}]{10r_2+r_3}\begin{bmatrix}1&0&0&0\\0&1&0&0\\0&0&4&0\end{bmatrix}\xrightarrow{r_3\times\frac{1}{4}}\begin{bmatrix}1&0&0&0\\0&1&0&0\\0&0&1&0\end{bmatrix}=\boldsymbol{A}_3.$$

【举例】

1. 求矩阵 $\boldsymbol{A}=\begin{bmatrix}2&1&2&3\\4&1&4&5\\2&0&2&2\end{bmatrix}$ 的行最简形矩阵和标准形矩阵.

2. 与矩阵 $\boldsymbol{A}=\begin{bmatrix}1&2&0\\2&4&0\\0&0&4\end{bmatrix}$ 等价的是(　　).

A. $\begin{bmatrix}1&0&0\\0&0&0\\0&0&0\end{bmatrix}$　　B. $\begin{bmatrix}1&0&0\\0&2&0\\0&0&0\end{bmatrix}$　　C. $\begin{bmatrix}1&0&0\\0&2&0\\0&0&3\end{bmatrix}$　　D. $\begin{bmatrix}1&0&0\\0&2&0\\0&0&4\end{bmatrix}$

【解析】

1. 解：

$$\boldsymbol{A}=\begin{bmatrix}2&1&2&3\\4&1&4&5\\2&0&2&2\end{bmatrix}\xrightarrow[\substack{-r_3+r_2\\-r_3+r_1}]{-r_1+r_2}\begin{bmatrix}0&1&0&1\\0&0&0&0\\2&0&2&2\end{bmatrix}\xrightarrow[\substack{-r_2\leftrightarrow r_3\\-r_1+\frac{1}{2}}]{r_1\leftrightarrow r_3}$$

$$\begin{bmatrix}1&0&1&1\\0&1&0&1\\0&0&0&0\end{bmatrix}\xrightarrow[\substack{-c_1+c_4\\-c_2+c_4}]{-c_1+c_3}\begin{bmatrix}1&0&0&0\\0&1&0&0\\0&0&0&0\end{bmatrix},$$

故 $\boldsymbol{A}$ 的行最简形矩阵为 $\begin{bmatrix}1&0&1&1\\0&1&0&1\\0&0&0&0\end{bmatrix}$，标准形矩阵为 $\begin{bmatrix}1&0&0&0\\0&1&0&0\\0&0&0&0\end{bmatrix}$.

2. 解：

$$\boldsymbol{A}=\begin{bmatrix}1&2&0\\2&4&0\\0&0&4\end{bmatrix}\xrightarrow[r_3+\frac{1}{2}]{-2r_1+r_2}\begin{bmatrix}1&2&0\\0&0&0\\0&0&1\end{bmatrix}\xrightarrow[\substack{c_2\leftrightarrow c_3\\ r_2\leftrightarrow r_3}]{-2c_1+c_2}\begin{bmatrix}1&0&0\\0&2&0\\0&0&0\end{bmatrix},$$

故选 B.

要点 2 初等矩阵★★★

1. 定 义

对单位矩阵 $\boldsymbol{E}$ 施以一次初等变换得到的矩阵称为初等矩阵.

（初等）倍法矩阵：用一个非零数 k 乘矩阵的第 i 行（列）得到的矩阵，记为 $\boldsymbol{P}(i[k])$ 或 $\boldsymbol{E}_i(k)$.

（初等）消法矩阵：用一个非零数 k 乘矩阵的第 j 行（第 i 列）后再加到第 i 行（第 j 列）上去得到的矩阵，记为 $\boldsymbol{P}(i,j[k])$ 或 $\boldsymbol{E}_{ij}(k)$.

（初等）换法矩阵：交换矩阵的第 i 行（列）和第 j 行（列）得到的矩阵，记为 $\boldsymbol{P}(i,j)$ 或 $\boldsymbol{E}_{ij}$.

2. 性 质

用初等矩阵左乘 $\boldsymbol{A}$，相当于对 $\boldsymbol{A}$ 进行相应的初等行变换；
用初等矩阵右乘 $\boldsymbol{A}$，相当于对 $\boldsymbol{A}$ 进行相应的初等列变换.

以例明理

初等矩阵及其乘法

初等换法矩阵　初等消法矩阵

$$\boldsymbol{A}=\begin{bmatrix}a_{11}&a_{12}&a_{13}\\a_{21}&a_{22}&a_{23}\\a_{31}&a_{32}&a_{33}\end{bmatrix},E_{12}=\begin{bmatrix}0&1&0\\1&0&0\\0&0&1\end{bmatrix},E_{31}(1)=\begin{bmatrix}1&0&0\\0&1&0\\1&0&1\end{bmatrix}$$

$$\Rightarrow E_{12}\boldsymbol{A}E_{31}(1)=\begin{bmatrix}0&1&0\\1&0&0\\0&0&1\end{bmatrix}\begin{bmatrix}a_{11}&a_{12}&a_{13}\\a_{21}&a_{22}&a_{23}\\a_{31}&a_{32}&a_{33}\end{bmatrix}\begin{bmatrix}1&0&0\\0&1&0\\1&0&1\end{bmatrix}$$

重点是逆推

$$=\begin{bmatrix}a_{21}&a_{22}&a_{23}\\a_{11}&a_{12}&a_{13}\\a_{31}&a_{32}&a_{33}\end{bmatrix}\begin{bmatrix}1&0&0\\0&1&0\\1&0&1\end{bmatrix}=\begin{bmatrix}a_{21}+a_{23}&a_{22}&a_{23}\\a_{11}+a_{13}&a_{12}&a_{13}\\a_{31}+a_{33}&a_{32}&a_{33}\end{bmatrix}.$$

【举例】

1. 下列矩阵不是初等矩阵的是（　）.

A. $\begin{bmatrix}1&0&0\\0&0&1\\0&1&0\end{bmatrix}$　　B. $\begin{bmatrix}0&0&1\\0&-1&0\\1&0&0\end{bmatrix}$　　C. $\begin{bmatrix}1&0&0\\0&-2&0\\0&0&1\end{bmatrix}$　　D. $\begin{bmatrix}1&0&0\\0&1&-2\\0&0&1\end{bmatrix}$

2. 求 $\begin{bmatrix}1&0&0\\0&1&0\\0&1&1\end{bmatrix}^{10}\begin{bmatrix}-1&-1&-1\\1&1&1\\-2&-2&-2\end{bmatrix}\begin{bmatrix}1&1&0\\0&1&0\\0&0&1\end{bmatrix}^{11}$.

【解析】

1. 解：

初等矩阵是由单位矩阵进行一次行变换或列变换得到的，ACD 三个选项中的矩阵都符合. 而选项 B 中的矩阵进行了至少两次初等变换，不符合.

因此，应选 B.

2. 解：

左(右)乘矩阵是进行与此初等矩阵相应的行(列)变换. 因此，

$$\begin{bmatrix}1&0&0\\0&1&0\\0&1&1\end{bmatrix}^{10}\begin{bmatrix}-1&-1&-1\\1&1&1\\-2&-2&-2\end{bmatrix}\begin{bmatrix}1&1&0\\0&1&0\\0&0&1\end{bmatrix}^{11}=\begin{bmatrix}-1&-1&-1\\1&1&1\\8&8&8\end{bmatrix}\begin{bmatrix}1&0&1\\0&0&1\\0&1&0\end{bmatrix}^{11}$$

$$=\begin{bmatrix}-1&-1&-12\\1&1&12\\8&8&96\end{bmatrix}.$$

第 2 章　方阵的行列式

知识扫描

行列式也是后续章节的基础，难度不大，需要熟记一些常见行列式模型和计算方法. 读者在复习时，可借助思维导图和列举的要点着重掌握.

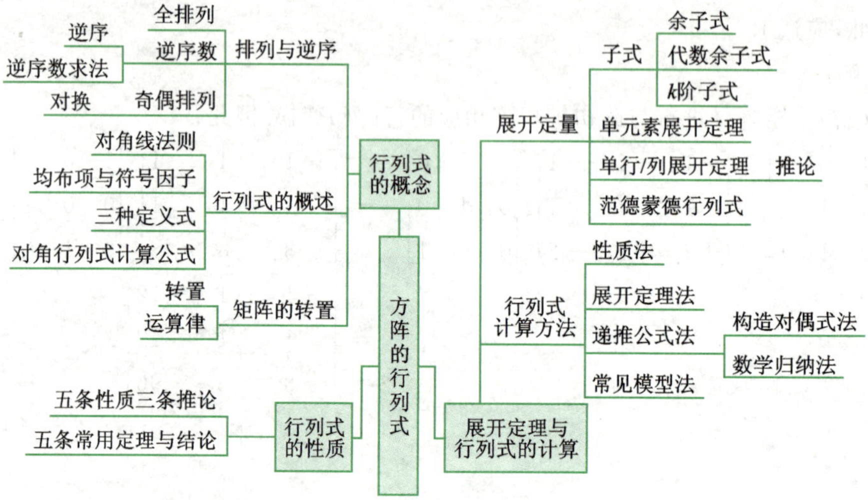

1. 了解行列式的概念，掌握行列式的性质.
2. 会应用行列式的性质和行列式按行(列)展开定理计算行列式.

§1　行列式的概念

要点 1　全排列与逆序数★

1. 全排列

由 n 个自然数 $1,2,3,\cdots,n$ 按任何一种次序排成的有序数组 $j_1j_2\cdots j_n$ 称为一个 n 级排列，简称(全)排列.

2. 逆序与逆序数

若规定由小到大为自然数间的标准顺序，则在一个排列中，当两个元素的顺序与标准顺序不同时，就称有了一个逆序. 一个 n 级排列所有逆序的总和称为该排列的逆序数，排

列 $j_1j_2\cdots j_n$ 的逆序数记为 $\tau(j_1j_2\cdots j_n)$.

3. 奇偶排列

逆序数为奇数的排列称为奇排列，逆序数为偶数的排列称为偶排列.

一次对换必改变排列的奇偶性.

4. 求逆序数的方法

从排列中第一个数开始依次求每个数后面比它小（或前面比它大）的数的数目，加起来，便是这个排列的逆序数.

以例明理

初等矩阵及其乘法

逆序数　找右边比之小的数的个数

$\tau(54321)=4+3+2+1=10$　偶排列

$\tau(53421)=4+2+2+1=9$　奇排列

一次对换改变奇偶性

5级全排列

要点 2　行列式的概念★

1. 二、三阶行列式的对角线法则

$$\begin{vmatrix} a_{11} & a_{12} \\ a_{21} & a_{22} \end{vmatrix} = a_{11}a_{22} - a_{12}a_{21};$$

$$\begin{vmatrix} a_{11} & a_{12} & a_{13} \\ a_{21} & a_{22} & a_{23} \\ a_{31} & a_{32} & a_{33} \end{vmatrix} = a_{11}a_{22}a_{33} + a_{12}a_{23}a_{31} + a_{13}a_{21}a_{32} - a_{13}a_{22}a_{31} - a_{12}a_{21}a_{33} - a_{11}a_{23}a_{32}.$$

以例明理

二三阶行列式的对角线法则

$\begin{vmatrix} 1 & 2 \\ 3 & 4 \end{vmatrix} = 1\times4-2\times3;$　主对角线元素之积－次对角线元素之积

$\begin{vmatrix} 1 & 2 & 3 \\ 4 & 5 & 6 \\ 7 & 8 & 9 \end{vmatrix} = 1\times5\times9+1\times6\times3+3\times4\times8$　(平行于)主对角线元素之积的和

$-3\times5\times7-2\times4\times9-1\times6\times8.$　－(平行于)次对角线元素之积的和

2. *n* 阶行列式的概念

(1) 设 $\mathbf{A}=\begin{bmatrix} a_{11} & a_{12} & \cdots & a_{1n} \\ a_{21} & a_{22} & \cdots & a_{2n} \\ \vdots & \vdots & & \vdots \\ a_{n1} & a_{n2} & \cdots & a_{nn} \end{bmatrix}$，称 $\begin{vmatrix} a_{11} & a_{12} & \cdots & a_{1n} \\ a_{21} & a_{22} & \cdots & a_{2n} \\ \vdots & \vdots & & \vdots \\ a_{n1} & a_{n2} & \cdots & a_{nn} \end{vmatrix}$ 为方阵 $\mathbf{A}$ 的行列式，记为 $|\mathbf{A}|$. 它表示运算：

$$D=|\mathbf{A}|=\sum(-1)^{\tau(i_1 i_2\cdots i_n)+\tau(j_1 j_2\cdots j_n)} a_{i_1 j_1} a_{i_2 j_2}\cdots a_{i_n j_n},$$

这里 Σ 表示对所有不同的 n 级排列求代数和.

(2) 均匀分布项

行列式本质是行列式中所有不同行不同列元素乘积的代数和. 这一乘积 $a_{i_1 j_1} a_{i_2 j_2}\cdots a_{i_n j_n}$ 称为均匀分布项，简称均布项. 均布项的符号 $(-1)^{\tau(i_1 i_2\cdots i_n)+\tau(j_1 j_2\cdots j_n)}$ 称为符号因子，其中 $i_1 i_2\cdots i_n$ 和 $j_1 j_2\cdots j_n$ 是两个 n 级排列. 符号因子 $(-1)^{\tau(i_1 i_2\cdots i_n)+\tau(j_1 j_2\cdots j_n)}$ 的正负取决于行列标排列 $i_1 i_2\cdots i_n$ 和 $j_1 j_2\cdots j_n$ 的奇偶性.

(3) 行列式的简化

按照行列式的本质，我们可以采用如下两种方式简化行列式的定义：n 个不同行不同列的元素分别取 $a_{1j_1}, a_{2j_2}, \cdots, a_{nj_n}$，则

$$|\mathbf{A}|=\sum_{j_1 j_2\cdots j_n}(-1)^{\tau(j_1 j_2\cdots j_n)} a_{1j_1} a_{2j_2}\cdots a_{nj_n}.$$ ★★

n 个不同行不同列的元素分别取 $a_{i_1 1} a_{i_2 2}\cdots a_{i_n n}$，则

$$|\mathbf{A}|=\sum_{i_1 i_2\cdots i_n}(-1)^{\tau(i_1 i_2\cdots i_n)} a_{i_1 1} a_{i_2 2}\cdots a_{i_n n}.$$

以例明理

从行列式定义看二三阶行列式

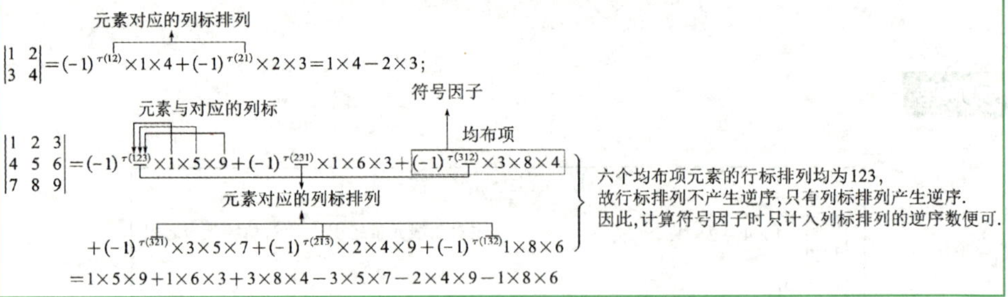

3. 对角行列式的计算公式★★

如果行列式 $D_1=\begin{vmatrix}\lambda_1 & & & \\ & \lambda_2 & & \\ & & \ddots & \\ & & & \lambda_n\end{vmatrix}$，$D_2=\begin{vmatrix} & & & \lambda_1 \\ & & \lambda_2 & \\ & \iddots & & \\ \lambda_n & & & \end{vmatrix}$，则称 D_1 为主对角行列式，D_2 为次对角行列式，经计算得

$$D_1=\lambda_1\lambda_2\cdots\lambda_n,D_2=(-1)^{\frac{1}{2}n(n-1)}\lambda_1\lambda_2\cdots\lambda_n.$$

§2　行列式的性质

要点 1　性质★★★

行列式行的性质和列的性质是一致的，下面仅列举行的情况.

1. 分行可加性

$$D(r_i=r_{i_1}+r_{i_2})=D(r_{i_1})+D(r_{i_2}).$$

$$\begin{vmatrix}a_{11} & a_{12} & \cdots & a_{1n}\\ \vdots & \vdots & & \vdots\\ b_{i1}+c_{i1} & b_{i2}+c_{i2} & \cdots & b_{in}+c_{in}\\ \vdots & \vdots & & \vdots\\ a_{n1} & a_{n2} & \cdots & a_{nn}\end{vmatrix}=\begin{vmatrix}a_{11} & a_{12} & \cdots & a_{1n}\\ \vdots & \vdots & & \vdots\\ b_{i1} & b_{i2} & \cdots & b_{in}\\ \vdots & \vdots & & \vdots\\ a_{n1} & a_{n2} & \cdots & a_{nn}\end{vmatrix}+\begin{vmatrix}a_{11} & a_{12} & \cdots & a_{1n}\\ \vdots & \vdots & & \vdots\\ c_{i1} & c_{i2} & \cdots & c_{in}\\ \vdots & \vdots & & \vdots\\ a_{n1} & a_{n2} & \cdots & a_{nn}\end{vmatrix}.$$

2. 转置不变性

$$D^{\mathrm{T}}=D.$$

3. 倍法加倍性

$$D(kr_i)=kD(r_i).$$

$$\begin{vmatrix}a_{11} & a_{12} & \cdots & a_{1n}\\ \vdots & \vdots & & \vdots\\ ka_{i1} & ka_{i2} & \cdots & ka_{in}\\ \vdots & \vdots & & \vdots\\ a_{n1} & a_{n2} & \cdots & a_{nn}\end{vmatrix}=k\begin{vmatrix}a_{11} & a_{12} & \cdots & a_{1n}\\ \vdots & \vdots & & \vdots\\ a_{i1} & a_{i2} & \cdots & a_{in}\\ \vdots & \vdots & & \vdots\\ a_{n1} & a_{n2} & \cdots & a_{nn}\end{vmatrix}.$$

4. 换法变号性

$$D(r_i\leftrightarrow r_j)=-D.$$

5. 消法不变性

$$D(kr_i+r_j)=D.$$

6. 推　论

存在零行值为零;两行相同值为零;两行成比例值为零.

以例明理

行列式的性质

$$\begin{vmatrix}1&1&3&4\\2&3&4&2\\2&2&4&5\\2&4&6&8\end{vmatrix}=\begin{vmatrix}1&1&3&4\\2&3&4&2\\1&1&1&1\\2&4&6&8\end{vmatrix}+\begin{vmatrix}1&1&3&4\\2&3&4&2\\1&1&3&4\\2&4&6&8\end{vmatrix}\longrightarrow D(r_3=r_{3_1}+r_{3_2})=D(r_{3_1})+D(r_{3_2})$$

分行可加性

$$\begin{vmatrix}1&2&2&2\\1&3&2&4\\3&4&4&6\\4&2&5&8\end{vmatrix}=\begin{vmatrix}1&1&3&4\\2&3&4&2\\2&2&4&5\\2&4&6&8\end{vmatrix}\quad D^{\mathrm{T}}=D$$

转置不变性

$$\begin{vmatrix}1&1&3&4\\2&3&4&2\\2&2&4&5\\2&4&6&8\end{vmatrix}=2\begin{vmatrix}1&1&3&4\\2&3&4&2\\2&2&4&5\\1&2&3&4\end{vmatrix}\longrightarrow D(2r_4)=2D(r_4)$$

倍法加倍性

$$\begin{vmatrix}2&2&4&5\\2&3&4&2\\1&1&3&4\\2&4&6&8\end{vmatrix}=-\begin{vmatrix}1&1&3&4\\2&3&4&2\\2&2&4&5\\2&4&6&8\end{vmatrix}\quad D(r_1\leftrightarrow r_3)=-D$$

换法变号性

$$\begin{vmatrix}1&1&3&4\\2&3&4&2\\1&1&1&1\\2&4&6&8\end{vmatrix}=\begin{vmatrix}1&1&3&4\\2&3&4&2\\2&2&4&5\\2&4&6&8\end{vmatrix}\quad D(-r_1+r_3)=D$$

消法不变性

$$\begin{vmatrix}1&1&3&4\\2&3&4&2\\1&1&3&4\\2&4&6&8\end{vmatrix}=\begin{vmatrix}1&1&3&4\\2&3&4&2\\0&0&0&0\\2&4&6&8\end{vmatrix}=\begin{vmatrix}1&1&3&4\\2&3&4&2\\2&2&6&8\\2&4&6&8\end{vmatrix}=0$$

两行相同,存在零行,两行成比例值为0

要点 2　常用定理与结论★★

1. (1) $|\lambda \boldsymbol{A}_n|=\lambda^n|\boldsymbol{A}_n|$;(2) $|\boldsymbol{AB}|=|\boldsymbol{A}||\boldsymbol{B}|$;(3) $|\boldsymbol{A}^n|=|\boldsymbol{A}|^n$.

2. (1) |◥|=|◣|=|⋱|;(2) |◤|=|◢|=|⋰|.

注意:|◥|,|◣|,|◤|,|◢|表示对应三角行列式;|⋱|,|⋰|表示对应对角行列式.

3. $$\begin{vmatrix}\boldsymbol{A}_{m_1}&&&\\&\boldsymbol{A}_{m_2}&&\\&&\ddots&\\&&&\boldsymbol{A}_{m_s}\end{vmatrix}=|\boldsymbol{A}_{m_1}||\boldsymbol{A}_{m_2}|\cdots|\boldsymbol{A}_{m_s}|,\ \boldsymbol{A}_{m_i}\text{ 是方阵.}$$

4. (1) $\begin{vmatrix} \boldsymbol{A} & \boldsymbol{O} \\ \blacksquare & \boldsymbol{B} \end{vmatrix} = \begin{vmatrix} \boldsymbol{A} & \blacksquare \\ \boldsymbol{O} & \boldsymbol{B} \end{vmatrix} = |\boldsymbol{A}||\boldsymbol{B}|$;

(2) $\begin{vmatrix} \boldsymbol{O} & \boldsymbol{B}_t \\ \boldsymbol{A}_s & \blacksquare \end{vmatrix} = \begin{vmatrix} \blacksquare & \boldsymbol{B}_t \\ \boldsymbol{A}_s & \boldsymbol{O} \end{vmatrix} = (-1)^{st}|\boldsymbol{A}_s||\boldsymbol{B}_t|$.

注意：$\boldsymbol{A}$，$\boldsymbol{B}$，■都是方阵.

5. $\begin{vmatrix} \boldsymbol{A} & \boldsymbol{B} \\ \boldsymbol{C} & \boldsymbol{D} \end{vmatrix} = |\boldsymbol{A}||\boldsymbol{D}| - |\boldsymbol{B}||\boldsymbol{C}|$，$|\boldsymbol{A}+\boldsymbol{B}| = |\boldsymbol{A}| + |\boldsymbol{B}|$均未必成立.

【举例】

1. 设函数 $f(x) = \begin{vmatrix} 2x & 3 & 1 & 2 \\ x & x & 0 & 1 \\ 2 & 1 & x & 4 \\ x & 2 & 1 & 4x \end{vmatrix}$，则 x^4 的系数为____，常数项为____.

2. $\boldsymbol{\alpha}_1, \boldsymbol{\alpha}_2, \boldsymbol{\alpha}_3, \boldsymbol{\beta}_1, \boldsymbol{\beta}_2$ 都是四维列向量，行列式 $|\boldsymbol{\alpha}_1, \boldsymbol{\alpha}_2, \boldsymbol{\alpha}_3, \boldsymbol{\beta}_1| = a$，$|\boldsymbol{\alpha}_1, \boldsymbol{\alpha}_2, \boldsymbol{\beta}_2, \boldsymbol{\alpha}_3| = b$，则行列式 $|\boldsymbol{\alpha}_3, \boldsymbol{\alpha}_2, \boldsymbol{\alpha}_1, (\boldsymbol{\beta}_1+\boldsymbol{\beta}_2)| =$____.

3. 设三阶方阵 A，B 满足 $\boldsymbol{A}^2\boldsymbol{B} - \boldsymbol{A} - \boldsymbol{B} = \boldsymbol{E}$，其中 E 为三阶单位矩阵，若 $\boldsymbol{A} = \begin{bmatrix} 1 & 0 & 1 \\ 0 & 2 & 0 \\ -2 & 0 & 1 \end{bmatrix}$，则 $|\boldsymbol{B}| =$____.

4. (1)已知 $\begin{vmatrix} a & b & c \\ 5 & 0 & 3 \\ 1 & 1 & 1 \end{vmatrix} = 3$，求 $\begin{vmatrix} a & b & c \\ 5a+5 & 5b & 5c+3 \\ a+2 & b+2 & c+2 \end{vmatrix}$；

(2) 已知 $\begin{vmatrix} a_{11} & a_{12} & a_{13} \\ a_{21} & a_{22} & a_{23} \\ a_{31} & a_{32} & a_{33} \end{vmatrix} = 1$，求 $\begin{vmatrix} -a_{11} & 4a_{21}-a_{31} & 3a_{31} \\ -a_{12} & 4a_{22}-a_{32} & 3a_{32} \\ -a_{13} & 4a_{23}-a_{33} & 3a_{33} \end{vmatrix}$；

(3) 已知 $\begin{vmatrix} x & y & z \\ y & z & x \\ z & x & y \end{vmatrix}$，求 $\begin{vmatrix} ax+by & ay+bz & az+bx \\ ay+bz & az+bx & ax+by \\ az+bx & ax+by & ay+bz \end{vmatrix}$.

5. 计算下列行列式.

(1) $\begin{vmatrix} 0 & 0 & 0 & a_1 \\ 0 & 0 & 2a_2 & 0 \\ 0 & 3a_3 & 0 & 0 \\ 4a_4 & a_3 & a_2 & a_1 \end{vmatrix}$；　　(2) $D = \begin{vmatrix} a & b & c & d \\ -b & a & d & -c \\ -c & -d & a & b \\ -d & c & -b & a \end{vmatrix}$；

(3) $\begin{vmatrix} 103 & 100 & 204 \\ 199 & 200 & 395 \\ 301 & 300 & 600 \end{vmatrix}$；　　(4) $\begin{vmatrix} 1 & 2 & 1 & 1 \\ 2 & 4 & -1 & 1 \\ 201 & 202 & 99 & 98 \\ 1 & 2 & -1 & -2 \end{vmatrix}$；

(5) $\begin{vmatrix} & & & 1 & 0 \\ & & 2 & & \\ & \begin{matrix}\cdot^{\cdot^{\cdot}}\end{matrix} & & & \\ 2049 & & & & \\ 0 & & & & 2050 \end{vmatrix}$；　(6) $\begin{vmatrix} a^2+\frac{1}{a^2} & a & \frac{1}{a} & 1 \\ b^2+\frac{1}{b^2} & b & \frac{1}{b} & 1 \\ c^2+\frac{1}{c^2} & c & \frac{1}{c} & 1 \\ d^2+\frac{1}{d^2} & d & \frac{1}{d} & 1 \end{vmatrix}$；

(7) $\begin{vmatrix} a^2 & (a+1)^2 & (a+2)^2 & (a+3)^2 \\ b^2 & (b+1)^2 & (b+2)^2 & (b+3)^2 \\ c^2 & (c+1)^2 & (c+2)^2 & (c+3)^2 \\ d^2 & (d+1)^2 & (d+2)^2 & (d+3)^2 \end{vmatrix}$.

【解析】

1. 解：

利用行列式的性质，得

$$f(x)=\begin{vmatrix} 2x & 3 & 1 & 2 \\ x & x & 0 & 1 \\ 2 & 1 & x & 4 \\ x & 2 & 1 & 4x \end{vmatrix} \xlongequal[1\frac{1}{2}r_1+r_4]{1\frac{1}{2}r_1+r_2} \begin{vmatrix} 2x & 3 & 1 & 2 \\ 0 & x-\frac{3}{2} & -\frac{1}{2} & 0 \\ 2 & 1 & x & 4 \\ 0 & \frac{1}{2} & \frac{1}{2} & 4x-1 \end{vmatrix}.$$

所含的只有对角元之积 $2x(x-\frac{3}{2})x(4x-1)$，故 x^4 的系数为 8，常数项为

$$f(0)=\begin{vmatrix} 0 & 3 & 1 & 2 \\ 0 & 0 & 0 & 1 \\ 2 & 1 & 0 & 4 \\ 0 & 2 & 1 & 0 \end{vmatrix} \xlongequal[\substack{r_2\leftrightarrow r_3 \\ r_3\leftrightarrow r_4}]{r_1\leftrightarrow r_3} -\begin{vmatrix} 2 & 1 & 0 & 4 \\ 0 & 3 & 1 & 2 \\ 0 & 2 & 1 & 0 \\ 0 & 0 & 0 & 1 \end{vmatrix} \xlongequal{-2C_3+C_2} -\begin{vmatrix} 2 & 1 & 0 & 4 \\ 0 & 1 & 1 & 2 \\ 0 & 0 & 1 & 0 \\ 0 & 0 & 0 & 1 \end{vmatrix} =-2.$$

因此，应填：8，−2.

2. 解：

利用行列式分列可加性，得

$$|\boldsymbol{\alpha}_3,\boldsymbol{\alpha}_2,\boldsymbol{\alpha}_1,(\boldsymbol{\beta}_1+\boldsymbol{\beta}_2)|=|\boldsymbol{\alpha}_3,\boldsymbol{\alpha}_2,\boldsymbol{\alpha}_1,\boldsymbol{\beta}_1|+|\boldsymbol{\alpha}_3,\boldsymbol{\alpha}_2,\boldsymbol{\alpha}_1,\boldsymbol{\beta}_2|.$$

因为

$$\begin{cases} |\boldsymbol{\alpha}_3,\boldsymbol{\alpha}_2,\boldsymbol{\alpha}_1,\boldsymbol{\beta}_1| \xlongequal{c_1\leftrightarrow c_3} -|\boldsymbol{\alpha}_1,\boldsymbol{\alpha}_2,\boldsymbol{\alpha}_3,\boldsymbol{\beta}_1|=-a, \\ |\boldsymbol{\alpha}_3,\boldsymbol{\alpha}_2,\boldsymbol{\alpha}_2,\boldsymbol{\alpha}_1,\boldsymbol{\beta}_2| \xlongequal[c_3\leftrightarrow c_4]{c_1\leftrightarrow c_3} |\boldsymbol{\alpha}_1,\boldsymbol{\alpha}_2,\boldsymbol{\beta}_2,\boldsymbol{\alpha}_3|=b, \end{cases}$$

故 $|\boldsymbol{\alpha}_3,\boldsymbol{\alpha}_2,\boldsymbol{\alpha}_1,(\boldsymbol{\beta}_1+\boldsymbol{\beta}_2)|=b-a$.

因此，应填：$b-a$.

3. 解：

因为 $\boldsymbol{A}^2\boldsymbol{B}-\boldsymbol{A}-\boldsymbol{B}=\boldsymbol{E}$，所以 $(\boldsymbol{A}^2-\boldsymbol{E})\boldsymbol{B}=\boldsymbol{A}+\boldsymbol{E}$，即

$$(\boldsymbol{A}+\boldsymbol{E})(\boldsymbol{A}-\boldsymbol{E})\boldsymbol{B}=\boldsymbol{A}+\boldsymbol{E}.$$

两边取行列式得

$$|\boldsymbol{A}+\boldsymbol{E}|\,|\boldsymbol{A}-\boldsymbol{E}|\,|\boldsymbol{B}|=|\boldsymbol{A}+\boldsymbol{E}|.$$

因为 $\boldsymbol{A}=\begin{bmatrix}1&0&1\\0&2&0\\-2&0&1\end{bmatrix}$，所以

$$|\boldsymbol{A}+\boldsymbol{E}|=\begin{vmatrix}2&0&1\\0&3&0\\-2&0&2\end{vmatrix}=18,\quad |\boldsymbol{A}-\boldsymbol{E}|=\begin{vmatrix}0&0&1\\0&1&0\\-2&0&0\end{vmatrix}=2.$$

因此，$|\boldsymbol{B}|=|\boldsymbol{A}-\boldsymbol{E}|^{-1}=\dfrac{1}{2}$.

4. 解：

(1) 根据行列式的性质，得

$$\begin{vmatrix}a&b&c\\5a+5&5b&5c+3\\a+2&b+2&c+2\end{vmatrix}\xlongequal[-r_1+r_3]{-5r_1+r_2}\begin{vmatrix}a&b&c\\5&0&3\\2&2&2\end{vmatrix}=2\begin{vmatrix}a&b&c\\5&0&3\\1&1&1\end{vmatrix}=6.$$

(2) 根据行列式的性质，得

$$\begin{vmatrix}-a_{11}&4a_{21}-a_{31}&3a_{31}\\-a_{12}&4a_{22}-a_{32}&3a_{32}\\-a_{13}&4a_{23}-a_{33}&3a_{33}\end{vmatrix}\xlongequal{\frac{1}{3}c_1+c_2}\begin{vmatrix}-a_{11}&4a_{21}&3a_{31}\\-a_{12}&4a_{22}&3a_{32}\\-a_{13}&4a_{23}&3a_{33}\end{vmatrix}$$

$$=-12\begin{vmatrix}a_{11}&a_{21}&a_{31}\\a_{12}&a_{22}&a_{32}\\a_{13}&a_{23}&a_{33}\end{vmatrix}=-12.$$

(3) 根据行列式的性质，得

$$\begin{vmatrix}ax+by&ay+bz&az+bx\\ay+bz&az+bx&ax+by\\az+bx&ax+by&ay+bz\end{vmatrix}$$

$$=\begin{vmatrix}ax&ay&az\\ay+bz&az+bx&ax+by\\az+bx&ax+by&ay+bz\end{vmatrix}+\begin{vmatrix}by&bz&bx\\ay+bz&az+bx&ax+by\\az+bx&ax+by&ay+bz\end{vmatrix}$$

$$=\begin{vmatrix}ax&ay&az\\ay+bz&az+bx&ax+by\\az&ax&ay\end{vmatrix}+\begin{vmatrix}by&bz&bx\\bz&bx&by\\az+bx&ax+by&ay+bz\end{vmatrix}$$

$$=\begin{vmatrix} ax & ay & az \\ ay & az & ax \\ az & ax & ay \end{vmatrix}+\begin{vmatrix} by & bz & bx \\ bz & bx & by \\ bx & by & bz \end{vmatrix}=\begin{vmatrix} ax & ay & az \\ ay & az & ax \\ az & ax & ay \end{vmatrix}+\begin{vmatrix} bx & by & bz \\ by & bz & bx \\ bz & bx & by \end{vmatrix}$$

$$=a^3\begin{vmatrix} x & y & z \\ y & z & x \\ z & x & y \end{vmatrix}+b^3\begin{vmatrix} x & y & z \\ y & z & x \\ z & x & y \end{vmatrix}=(a^3+b^3)\begin{vmatrix} x & y & z \\ y & z & x \\ z & x & y \end{vmatrix}$$

$=(a^3+b^3)$.

5. 解：

(1) 根据行列式的性质：

$$\begin{vmatrix} 0 & 0 & 0 & a_1 \\ 0 & 0 & 2a_2 & 0 \\ 0 & 3a_3 & 0 & 0 \\ 4a_4 & a_3 & a_2 & a_1 \end{vmatrix}=\begin{vmatrix} & & & a_1 \\ & & 2a_2 & \\ & 3a_3 & 0 & \\ 4a_4 & & & \end{vmatrix}$$

$$=(-1)^{\frac{4\times 3}{2}}a_1\cdot 2a_2\cdot 3a_3\cdot 4a_4$$

$$=24a_1a_2a_3a_4.$$

(2) 因 $\begin{vmatrix} a & b & c & d \\ -b & a & d & -c \\ -c & -d & a & b \\ -d & c & -b & a \end{vmatrix}\begin{vmatrix} a & -b & -c & -d \\ b & a & -d & c \\ c & d & a & -b \\ d & -c & b & a \end{vmatrix}=|(a^2+b^2+c^2+d^2)\boldsymbol{E}|$，故

$$DD^{\mathrm{T}}=D^2=|(a^2+b^2+c^2+d^2)\boldsymbol{E}|=(a^2+b^2+c^2+d^2)^4,$$

从而
$$D=\pm(a^2+b^2+c^2+d^2)^2.$$

若取 $b=c=d=0$，则 $D=a^4\geqslant 0$，故 $D=(a^2+b^2+c^2+d^2)^2$.

(3) 根据行列式的性质，得

$$\begin{vmatrix} 103 & 100 & 204 \\ 199 & 200 & 395 \\ 301 & 300 & 600 \end{vmatrix}\xlongequal[\substack{-2r_1+r_2 \\ -3r_1+r_3}]{c_1\leftrightarrow c_2}-\begin{vmatrix} 100 & 103 & 204 \\ 0 & -7 & -13 \\ 0 & -8 & -12 \end{vmatrix}$$

$$=-100\begin{vmatrix} -7 & -13 \\ -8 & -12 \end{vmatrix}=100\times(-20)$$

$$=2000.$$

(4) 根据行列式的性质，得

$$\begin{vmatrix} 1 & 2 & 1 & 1 \\ 2 & 4 & -1 & 1 \\ 201 & 202 & 99 & 98 \\ 1 & 2 & -1 & -2 \end{vmatrix}\xlongequal[\substack{-2r_1+r_2 \\ -r_1+r_4}]{-r_4+r_3}\begin{vmatrix} 1 & 2 & 1 & 1 \\ 0 & 0 & -3 & -1 \\ 200 & 200 & 100 & 100 \\ 0 & 0 & -2 & -3 \end{vmatrix}$$

$$=100\begin{vmatrix}1&2&1&1\\0&0&-3&-1\\2&2&1&1\\0&0&-2&-3\end{vmatrix}\xlongequal[\substack{r_1\leftrightarrow r_2\\ r_2\leftrightarrow r_3}]{\substack{-r_1+r_3\\ -r_3+r_1}}100\begin{vmatrix}1&0&0&0\\0&2&1&1\\0&0&-3&-1\\0&0&-2&-3\end{vmatrix}$$

$$=200\begin{vmatrix}-3&-1\\-2&-3\end{vmatrix}=200\times 7=1400.$$

(5) 根据行列式的性质,得

$$\begin{vmatrix} & & & 1 & 0\\ & & 2 & & \\ & \iddots & & & \\ 2049 & & & & \\ 0 & & & & 2050\end{vmatrix}=\begin{vmatrix} & & & 1\\ & & 2 & \\ & \iddots & & \\ 2049 & & & \end{vmatrix}\times 2050$$

$$=2050(-1)^{\frac{2049\times 2048}{2}}2049!\ =2050!.$$

(6) 根据行列式的性质,得

$$\begin{vmatrix}a^2+\dfrac{1}{a^2}&a&\dfrac{1}{a}&1\\ b^2+\dfrac{1}{b^2}&b&\dfrac{1}{b}&1\\ c^2+\dfrac{1}{c^2}&c&\dfrac{1}{c}&1\\ d^2+\dfrac{1}{d^2}&d&\dfrac{1}{d}&1\end{vmatrix}=\frac{1}{a^2b^2c^2d^2}\begin{vmatrix}a^4+1&d^3&a&a^2\\ b^4+1&b^3&b&b^2\\ c^4+1&c^3&c&c^2\\ d^4+1&d^3&d&d^2\end{vmatrix}$$

$$=\begin{vmatrix}a^4&d^3&a&a^2\\ b^4&b^3&b&b^2\\ c^4&c^3&c&c^2\\ d^4&d^3&d&d^2\end{vmatrix}+\begin{vmatrix}1&d^3&a&a^2\\ 1&b^3&b&b^2\\ 1&c^3&c&c^2\\ 1&d^3&d&d^2\end{vmatrix}$$

$$=abcd\begin{vmatrix}a^3&a^2&1&a\\ b^3&b^2&1&b\\ c^3&c^2&1&c\\ d^3&d^2&1&d\end{vmatrix}+(-1)^3\begin{vmatrix}a^3&a&a^2&1\\ b^3&b&b^2&1\\ c^3&c&c^2&1\\ d^3&d&d^2&1\end{vmatrix}$$

$$=-\begin{vmatrix}a^3&a^2&a&1\\ b^3&b^2&b&1\\ c^3&c^2&c&1\\ d^3&d^2&d&1\end{vmatrix}+(-1)^4\begin{vmatrix}a^3&a^2&a&1\\ b^3&b^2&b&1\\ c^3&c^2&c&1\\ d^3&d^2&d&1\end{vmatrix}$$

$$=0.$$

(7) 根据行列式的性质,得

$$\begin{vmatrix} a^2 & (a+1)^2 & (a+2)^2 & (a+3)^2 \\ b^2 & (b+1)^2 & (b+2)^2 & (b+3)^2 \\ c^2 & (c+1)^2 & (c+2)^2 & (c+3)^2 \\ d^2 & (d+1)^2 & (d+2)^2 & (d+3)^2 \end{vmatrix} \xlongequal[-c_1+c_2]{-c_3+c_4,\,-c_2+c_3} \begin{vmatrix} a^2 & 2a+1 & 2a+3 & 2a+5 \\ b^2 & 2b+1 & 2b+3 & 2b+5 \\ c^2 & 2c+1 & 2c+3 & 2c+5 \\ d^2 & 2d+1 & 2d+3 & 2d+5 \end{vmatrix}$$

$$\xlongequal[-c_2+c_3]{-c_3+c_4} \begin{vmatrix} a^2 & 2a+1 & 2 & 2 \\ b^2 & 2b+1 & 2 & 2 \\ c^2 & 2c+1 & 2 & 2 \\ d^2 & 2d+1 & 2 & 2 \end{vmatrix} = 0.$$

§3 展开定理与行列式的计算

要点 1 行列式的展开★★

1. 子　式★

(1) 在 n 阶方阵 $\boldsymbol{A}$ 中,把元素 a_{ij} 所在的第 i 行和第 j 列划去后,余下的行列式叫做元素 a_{ij} 的余子式,记作 M_{ij}.

$$M_{ij} = \begin{vmatrix} a_{11} & \cdots & a_{1j} & \cdots & a_{1n} \\ \vdots & & \vdots & & \vdots \\ a_{i1} & \cdots & a_{ij} & \cdots & a_{in} \\ \vdots & & \vdots & & \vdots \\ a_{n1} & \cdots & a_{nj} & \cdots & a_{nn} \end{vmatrix}$$

把 $A_{ij}=(-1)^{i+j}M_{ij}$ 叫做 a_{ij} 的代数余子式.★★★

以例明理

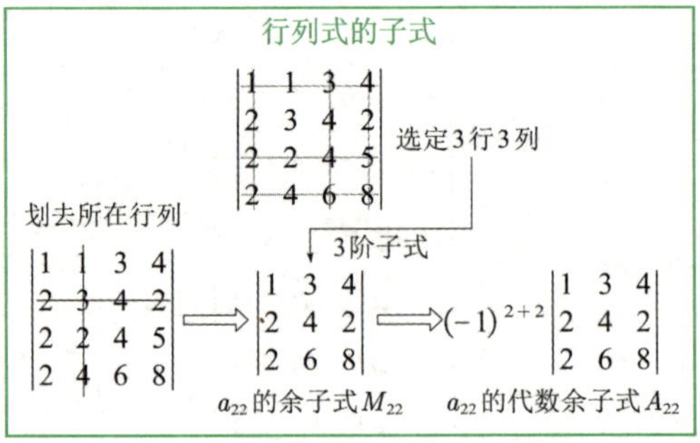

(2) k 阶子式

在行列式 D 选取某 k 行和某 k 列 $(1\leqslant k\leqslant n)$，由所取行与列相交处的元素不变位置而构成的 k 阶行列式叫做 D 的一个 k 阶子式，记作 D_k.

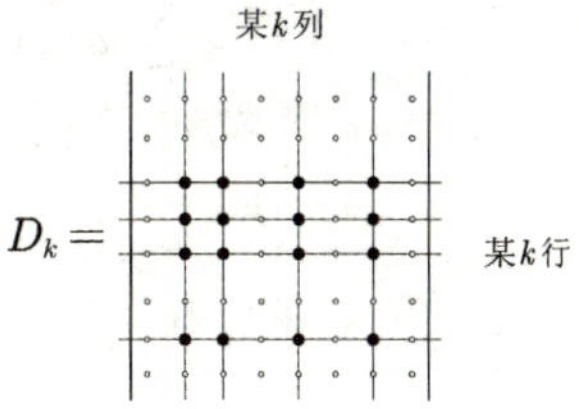

2. 展开定理★★★

(1) 单素展开定理

若所在行(列)其他元素全为 0，则 $|\boldsymbol{A}|=a_{ij}A_{ij}$.

$$\begin{vmatrix} a_{11} & \cdots & a_{1(j-1)} & a_{1j} & a_{1(j+1)} & \cdots & a_{1n} \\ \vdots & & \vdots & \vdots & \vdots & & \vdots \\ 0 & \cdots & 0 & a_{ij} & 0 & \cdots & 0 \\ \vdots & & \vdots & \vdots & \vdots & & \vdots \\ a_{n1} & \cdots & a_{n(j-1)} & a_{nj} & a_{n(j+1)} & \cdots & a_{nn} \end{vmatrix} = (-1)^{i+j} a_{ij} \begin{vmatrix} a_{11} & \cdots & a_{1(j-1)} & a_{1j} & a_{1(j+1)} & \cdots & a_{1n} \\ \vdots & & \vdots & \vdots & \vdots & & \vdots \\ 0 & \cdots & 0 & a_{ij} & 0 & \cdots & 0 \\ \vdots & & \vdots & \vdots & \vdots & & \vdots \\ a_{n1} & \cdots & a_{n(j-1)} & a_{nj} & a_{n(j+1)} & \cdots & a_{nn} \end{vmatrix}$$

以例明理

展开定理

单素展开定理

$$a_{22}A_{22}$$

$$\begin{vmatrix} 1 & 1 & 3 \\ 0 & 3 & 0 \\ 2 & 2 & 4 \end{vmatrix} = 3\times(-1)^{2+2}\begin{vmatrix} 1 & 3 \\ 2 & 4 \end{vmatrix}$$

单行展开定理

$$a_{21}A_{21}+a_{22}A_{22}+a_{23}A_{23}$$

$$\begin{vmatrix} 1 & 1 & 3 \\ 2 & 3 & 4 \\ 2 & 2 & 4 \end{vmatrix} = 2\times(-1)^{2+1}\begin{vmatrix} 1 & 3 \\ 2 & 4 \end{vmatrix} + 3\times(-1)^{2+2}\begin{vmatrix} 1 & 3 \\ 2 & 4 \end{vmatrix} + 4\times(-1)^{2+3}\begin{vmatrix} 1 & 1 \\ 2 & 2 \end{vmatrix}$$

一行元素与其代数余子式乘积之和 = 原行列式

$$a_{31}A_{21}+a_{32}A_{22}+a_{33}A_{23}$$

$$\begin{vmatrix} 1 & 1 & 3 \\ 2 & 3 & 4 \\ 2 & 2 & 4 \end{vmatrix} \Rightarrow 2\times(-1)^{2+1}\begin{vmatrix} 1 & 3 \\ 2 & 4 \end{vmatrix} + 2\times(-1)^{2+2}\begin{vmatrix} 1 & 3 \\ 2 & 4 \end{vmatrix} + 4\times(-1)^{2+3}\begin{vmatrix} 1 & 1 \\ 2 & 2 \end{vmatrix} = 0$$

一行元素与两一行元素的代数余子式乘积之和 = 0

(2) 单行/列展开定理

$$|\boldsymbol{A}| = \sum_{k=1}^{n} a_{ik}A_{ik} = a_{i1}A_{i1} + a_{i2}A_{i2} + \cdots + a_{in}A_{in}, \quad i=1,2,\cdots,n;$$

$$|\boldsymbol{A}| = \sum_{k=1}^{n} a_{kj}A_{kj} = a_{1j}A_{1j} + a_{2j}A_{2j} + \cdots + a_{nj}A_{nj}, \quad j=1,2,\cdots,n.$$

(3) 推　论

$$\sum_{k=1}^{n} a_{ik}A_{jk} = a_{i1}A_{j1} + a_{i2}A_{j2} + \cdots + a_{in}A_{jn} = 0$$

$$\begin{cases} i\neq j; \\ i,j=1,2,\cdots,n; \end{cases}$$

$$\sum_{k=1}^{n} a_{ki}A_{kj}=a_{1i}A_{1j}+a_{2i}A_{2j}+\cdots+a_{ni}A_{nj}=0$$

$$\begin{cases} i\neq j \\ i,j=1,2,\cdots,n. \end{cases}$$

(4) 范德蒙德行列式

$$D_n=\begin{vmatrix} 1 & 1 & 1 & \cdots & 1 \\ x_1 & x_2 & x_3 & \cdots & x_n \\ x_1^2 & x_2^2 & x_3^2 & \cdots & x_n^2 \\ \vdots & \vdots & \vdots & \ddots & \vdots \\ x_1^{n-1} & x_2^{n-1} & x_3^{n-1} & \cdots & x_n^{n-1} \end{vmatrix}=\prod_{1\leqslant i<j\leqslant n}(x_j-x_i).$$

【举例】

1. 设四阶行列式的第 2 列元素依次为 $2,a,b,3$，第 2 列元素的余子式依次为 $1,-1,1,-1$，第 4 列元素的代数余子式依次为 $3,1,4,2$，且该行列式等于 1，求 a,b 的值.

2. 已知 $D=\begin{vmatrix} 1 & 2 & 3 & 4 & 5 \\ 2 & 2 & 2 & 1 & 1 \\ 3 & 1 & 2 & 4 & 5 \\ 1 & 1 & 1 & 2 & 2 \\ 4 & 3 & 1 & 5 & 0 \end{vmatrix}=27$，求 $A_{41}+A_{42}+A_{43}$ 和 $A_{44}+A_{45}$. 其中，A_{ij} 为 D 中元素 a_{ij} 的代数余子式($i,j=1,2,3,4,5$).

3. 已知 $\boldsymbol{A}=\begin{vmatrix} 2 & 1 & -3 & 5 \\ 1 & 1 & 1 & 1 \\ 4 & 2 & 3 & 1 \\ 2 & 5 & 3 & 1 \end{vmatrix}$，$\boldsymbol{B}=\begin{vmatrix} 2 & 1 & -3 & 5 \\ 1 & 1 & 1 & 2 \\ 4 & 2 & 3 & 1 \\ 2 & 5 & 3 & 1 \end{vmatrix}$，求 $\begin{cases} A_{41}+A_{42}+A_{43}+A_{44} \\ B_{41}+B_{42}+B_{43}+B_{44} \end{cases}$. 其中，$A_{ij}$ 为 A 中元素 a_{ij} 的代数余子式，B_{ij} 为 B 中元素 b_{ij} 的代数余子式($i,j=1,2,3,4,5$).

4. 计算：

(1) $\begin{vmatrix} b+c & c+a & a+b \\ a & b & c \\ a^2 & b^2 & c^2 \end{vmatrix}$；　　(2) $\begin{vmatrix} a^n & (a-1)^n & \cdots & (a-n)^n \\ a^{n-1} & (a-1)^{n-1} & \cdots & (a-n)^{n-1} \\ \vdots & \vdots & & \vdots \\ a & a-1 & \cdots & a-n \\ 1 & 1 & \cdots & 1 \end{vmatrix}$.

【解析】

1. 解：

设 A_{ij} 为题设行列式中元素 a_{ij} 的代数余子式($i,j=1,2,3,4$). 由行列式按一行展开定理及推论得

$$\begin{cases} a_{12}A_{12}+a_{22}A_{22}+a_{32}A_{32}+a_{42}A_{42}=1, \\ a_{12}A_{14}+a_{22}A_{24}+a_{32}A_{34}+a_{42}A_{44}=0 \end{cases}$$

即

$$\begin{cases}2\times(-1)+a\times(-1)+b\times(-1)+3\times(-1)=1\\2\times3+a\times1+b\times4+3\times2=0\end{cases},$$

解得

$$\begin{cases}a=-4\\b=-2\end{cases}.$$

2. 解：

由行列式按行展开定理得

$$\begin{cases}A_{41}+A_{42}+A_{43}+2A_{44}+2A_{45}=D=27\\2A_{41}+2A_{42}+2A_{43}+A_{44}+A_{45}=0\end{cases}.$$

记 $x=A_{41}+A_{42}+A_{43}$，$y=A_{44}+A_{45}$，则有 $\begin{cases}x+2y=27\\2x+y=0\end{cases}$，解得

$$\begin{cases}x=-9\\y=18\end{cases},$$

即 $A_{41}+A_{42}+A_{43}=-9$，$A_{44}+A_{45}=18$.

3. 解：

由行列式按一行展开定理及行列式的性质，知

$$A_{41}+A_{42}+A_{43}+A_{44}+A_{45}=\begin{vmatrix}2&1&-3&5\\1&1&1&1\\4&2&3&1\\1&1&1&1\end{vmatrix}=0,$$

$$B_{41}+B_{42}+B_{43}+B_{44}+B_{45}=\begin{vmatrix}2&1&-3&5\\1&1&1&2\\4&2&3&1\\1&1&1&1\end{vmatrix}=-9.$$

4. 解：

(1) 根据行列式的性质，结合范德蒙德行列式可得：

$$\begin{vmatrix}b+c&c+a&a+b\\a&b&c\\a^2&b^2&c^2\end{vmatrix}\xlongequal{r_2+r_1}\begin{vmatrix}a+b+c&b+c+a&c+a+b\\a&b&c\\a^2&b^2&c^2\end{vmatrix}$$

$$=(a+b+c)\begin{vmatrix}1&1&1\\a&b&c\\a^2&b^2&c^2\end{vmatrix}$$

$$=(a+b+c)(c-b)(c-a)(b-a).$$

(2) 根据行列式的性质,结合范德蒙德行列式可得:

$$原式=(-1)^{\frac{n(n-1)}{2}}\begin{vmatrix} 1 & 1 & \cdots & 1 \\ a & a-1 & \cdots & a-n \\ \vdots & \vdots & & \vdots \\ a^{n-1} & (a-1)^{n-1} & \cdots & (a-n)^{n-1} \\ a^n & (a-1)^n & \cdots & (a-n)^n \end{vmatrix}$$

$$=(-1)^{\frac{(n+1)n}{2}}\prod_{0\leqslant j<i\leqslant n}[(a-i)-(a-j)]=\prod_{0\leqslant j<i\leqslant n}(i-j).$$

要点 2 计算行列式的思路与方法★★★

1. 核心思路

(1) 利用行列式的性质,将行列式化为常用结论里的几种行列式.

(2) 结合行列式的性质,将行列式化为展开好计算的情形,再利用展开定理计算行列式.总之,让 0 元素越多越好.

需要注意的是抽象型行列式(元素无具体数值),技巧性强,经常会结合其他章节知识考查,而且需要注重条件解读.

2. 常用方法

(1) 初等变换法

① 加边法(※$_1$)

在行列式首行首列前再增加一行一列,但不改变行列式的值,常见的方式是增加(1,1)元为其下(或其右)的元素全为 0,其右(或其下)的元素全为 1,或其他特定情形.

② 逐消法(※$_2$)

情形 1　先用倒数第二行(列)消法变换处理最后一行(列),再用倒数第三行(列)消法变换处理倒数第二行(列),依次类推,最后用第一行消法变换处理第二行(列).

情形 2　先用第一行(列)消法变换处理第二行(列),再用第二行(列)消法变换处理第三行(列),依次类推,最后用倒数第二行(列)消法变换处理最后一行(列).

也可以逐步提取公因子再进行上面两种情形的逐步消除.

③ 累消法(※$_3$)

情形 1　选定某行(列)为基准,再针对这一行(列)用相同的消法变换处理其他所有行(列).

情形 2　选定某行(列)为基准,再针对其他所有行(列)用相同的消法变换处理这一行(列).

④ 拆元法(※$_4$)

针对某行(列)元素,将行列式拆为两个都比较好计算的行列式或可降阶的行列式.

⑤ 凑同法(※$_5$)

将某一行(列)所有元素都处理成一样的情形.

⑥ 唯一例外法(※[6])

将一行(列)或多行(列)都处理成只有一个与其他元素不相同的情形,这些相同的元素往往是$-1,0,1$.

(2) 等量关系法

① 方阵相乘法(※[7])

方阵 $\boldsymbol{A}$ 的行列式不好算,但其和方阵 $\boldsymbol{B}$ 的积好算,而且$|\boldsymbol{B}|$与 $\boldsymbol{A}$ 有等量关系或者$|\boldsymbol{B}|$好算,我们就可以通过引入方阵 $\boldsymbol{B}$ 来计算$|\boldsymbol{A}|$.

常见与 $\boldsymbol{A}$ 相乘的情况有:$\boldsymbol{AA}^{\mathrm{T}},\boldsymbol{AA}^*,\boldsymbol{Q}^{-1}\boldsymbol{AQ},\boldsymbol{Q}^{\mathrm{T}}\boldsymbol{AQ}$.

② 特征值之积法(※[8]):需用到第 5 章的知识.

③ 递推公式法(※[9])

一些行列式元素排布有一定规律,可以找到 D_n 和 D_{n-1} 的关系,然后根据数列求通项的方法求得,也可用数学归纳法求得.

常出现的两种递推关系和通项求法:

情形 1　$D_n=aD_{n-1}+b$

当 $a=1$ 时,$D_n=D_{n-1}+b=D_1+(n-1)b$.

当 $a\neq1$ 时,$D_n+\dfrac{b}{a-1}=a\left(D_{n-1}+\dfrac{b}{a-1}\right)$,从而

$$D_n=\frac{\left(D_1+\dfrac{b}{a-1}\right)(a^{n-1}-1)}{a-1}-\frac{b}{a-1}.$$

情形 2　$D_n=aD_{n-1}+bc^n$

当 $a=c$ 时,$\dfrac{D_n}{a^n}=\dfrac{D_{n-1}}{a^{n-1}}+b\Rightarrow D_n=a^n\left[\dfrac{n}{a}D_1+(n-1)b\right]$.

当 $a\neq c$ 时,$\dfrac{D_n}{a^n}=\dfrac{D_{n-1}}{a^{n-1}}+b\left(\dfrac{c}{a}\right)^n$,从而

$$\begin{aligned}D_n&=a^n\left\{\frac{D_1}{a}+b\left[\left(\frac{c}{a}\right)^2+\left(\frac{c}{a}\right)^3+\cdots+\left(\frac{c}{a}\right)^n\right]\right\}\\&=D_1a^{n-1}+\frac{bc^2(c^{n-1}-a^{n-1})}{c-a}.\end{aligned}$$

④ 构造对偶式、方程组法(※[10]):有时会和递推公式有一定关系.

结合行列式的性质和展开定理,构建起关于行列式的方程或方程组来计算行列式.

要点 3　常见类型行列式的处理方法★★

1. 爪　型

形如◸和◿两种情形,只有爪子位置上元素不为 0. 利用累消法(※[3])的情形 2 处理掉非零列.

【举例】

计算下列行列式：

1. $$\begin{vmatrix} a_1 & a & a & \cdots & a \\ a & a_2 & & & \\ a & & a_3 & & \\ \vdots & & & \ddots & \\ a & & & & a_n \end{vmatrix} \quad (a_i \neq 0, i=1,2,\cdots,n).$$

2. $$\begin{vmatrix} x_1 & a_2 & a_3 & a_4 \\ a_1 & x_2 & a_3 & a_4 \\ a_1 & a_2 & x_3 & a_4 \\ a_1 & a_2 & a_3 & x_4 \end{vmatrix}.$$

3. $$\begin{vmatrix} 0 & 1 & 1 & 1 & \cdots & 1 \\ 1 & 2 & & & & \\ 1 & & 3 & & & \\ \vdots & & & \ddots & & \\ 1 & & & & n-1 & \\ 1 & & & & & n \end{vmatrix}.$$

4. $$\begin{vmatrix} 1 & 1 & 1 & \cdots & 1 \\ 2 & 2 & & & \\ 3 & & 3 & & \\ \vdots & & & \ddots & \\ n & & & & n \end{vmatrix}.$$

【解析】

1. 解：(累消法(※$_3$)的情形 2)

$$\begin{vmatrix} a_1 & a & a & \cdots & a \\ a & a_2 & & & \\ a & & a_3 & & \\ \vdots & & & \ddots & \\ a & & & & a_n \end{vmatrix} \xlongequal[i=2,3,\cdots,n]{-\frac{a}{a_i}c_i+c_1} \begin{vmatrix} a_1-\sum\limits_{i=2}^{n}\frac{a^2}{a_i} & a & a & \cdots & a \\ 0 & a_2 & & & \\ 0 & & a_3 & & \\ \vdots & & & \ddots & \\ 0 & & & & a_n \end{vmatrix}$$

$$=\left(a_1-\sum_{i=2}^{n}\frac{a^2}{a_i}\right)a_2a_3\cdots a_n.$$

2. 解：(累消法(※$_3$)的两种情形)

$$\begin{vmatrix} x_1 & a_2 & a_3 & a_4 \\ a_1 & x_2 & a_3 & a_4 \\ a_1 & a_2 & x_3 & a_4 \\ a_1 & a_2 & a_3 & x_4 \end{vmatrix} \xlongequal[\substack{-r_1+r_3 \\ -r_1+r_4}]{-r_1+r_2} \begin{vmatrix} x_1 & a_2 & a_3 & a_4 \\ a_1-x_1 & x_2-a_2 & 0 & 0 \\ a_1-x_1 & 0 & x_3-a_3 & 0 \\ a_1-x_1 & 0 & 0 & x_4-a_4 \end{vmatrix}$$

$$
=\prod_{i=1}^{4}(x_i-a_i)\begin{vmatrix} 1+\dfrac{a_1}{x_1-a_1} & \dfrac{a_2}{x_2-a_2} & \dfrac{a_3}{x_3-a_3} & \dfrac{a_4}{x_4-a_4} \\ -1 & 1 & 0 & 0 \\ -1 & 0 & 1 & 0 \\ -1 & 0 & 0 & 1 \end{vmatrix}
$$

$$
\xlongequal[\substack{c_3+r_1\\ c_4+r_1}]{c_2+r_1}\prod_{i=1}^{4}(x_i-a_i)\begin{vmatrix} 1+\sum\limits_{i=1}^{4}\dfrac{x_i}{x_i-a_i} & \dfrac{a_2}{x_2-a_2} & \dfrac{a_3}{x_3-a_3} & \dfrac{a_4}{x_4-a_4} \\ 0 & 1 & 0 & 0 \\ 0 & 0 & 1 & 0 \\ 0 & 0 & 0 & 1 \end{vmatrix}
$$

$$
=\prod_{i=1}^{4}(x_i-a_i)\left(1+\sum_{i=1}^{4}\frac{x_i}{x_i-a_i}\right).
$$

3. 解：(累消法(※$_3$)的情形 2)

$$
\begin{vmatrix} 0 & 1 & 1 & \cdots & 1 \\ 1 & 2 & & & \\ 1 & & 3 & & \\ \vdots & & & \ddots & \\ 1 & & & & n \end{vmatrix}
\xlongequal[i=2,3,\cdots,n]{-\frac{1}{i}c_i+c_1}
\begin{vmatrix} -\sum\limits_{i=2}^{n}\dfrac{1}{i} & 1 & 1 & \cdots & 1 \\ 0 & 2 & & & \\ 0 & & 3 & & \\ \vdots & & & \ddots & \\ 0 & & & & n \end{vmatrix}
=-n!\sum_{i=2}^{n}\frac{1}{i}.
$$

4. 解：(累消法(※$_3$)的情形 2)

$$
\begin{vmatrix} 1 & 1 & 1 & \cdots & 1 \\ 2 & 2 & & & \\ 3 & & 3 & & \\ \vdots & & & \ddots & \\ n & & & & n \end{vmatrix}
\xlongequal[i=2,3,\cdots,n]{-c_i+c_1}
\begin{vmatrix} 2-n & 1 & 1 & \cdots & 1 \\ 0 & 2 & & & \\ 0 & & 3 & & \\ \vdots & & & \ddots & \\ 0 & & & & n \end{vmatrix}
=(2-n)n!.
$$

2. 类爪型

形如⟍和⟍两种情形，只有类爪位置上元素不为 0.

(1) 若对角元相同，可考虑用拆元法(※$_4$)解决.

(2) 若非零对角平行线上的元素与对角线元素成比例，则利用逐消法(※$_2$)处理掉非零对角平行线.

【举例】

计算下列行列式：

1. $D=\begin{vmatrix} x & -1 & & & \\ & x & -1 & & \\ & & \ddots & \ddots & \\ & & & x & -1 \\ a_n & a_{n-1} & \cdots & a_2 & x+a_1 \end{vmatrix}$.

2. $\begin{vmatrix} -a_1 & a_1 & & & & \\ & -a_2 & a_2 & & & \\ & & \ddots & \ddots & & \\ & & & -a_{n-1} & a_{n-1} & \\ & & & & -a_n & a_n \\ 1 & 1 & \cdots & 1 & 1 & 1 \end{vmatrix}$.

【解析】

1. 解:(拆元法(※$_4$))

沿最后一列将 D 拆为两个行列式之和,设二者分别为 D_1,D_2:

$$D=\begin{vmatrix} x & -1 & & & \\ & x & -1 & & \\ & & \ddots & \ddots & \\ & & & x & -1 \\ a_n & a_{n-1} & \cdots & a_2 & a_1 \end{vmatrix}+\begin{vmatrix} x & -1 & & & \\ & x & -1 & & \\ & & \ddots & \ddots & \\ & & & x & 0 \\ a_n & a_{n-1} & \cdots & a_2 & x \end{vmatrix}.$$

当 $x=0$ 时,显然有 $D_2=0$,故

$$D=D_1=\begin{vmatrix} 0 & -1 & & & \\ & 0 & -1 & & \\ & & \ddots & \ddots & \\ & & & 0 & -1 \\ a_n & a_{n-1} & \cdots & a_2 & a_1 \end{vmatrix}\xlongequal{\text{按}(n,1)\text{元展开}}$$

$$a_n(-1)^{n+1}\begin{vmatrix} -1 & & & \\ & -1 & & \\ & & \ddots & \\ & & & -1 \end{vmatrix}=a_n.$$

当 $x\neq 0$ 时,显然有 $D_2=x^n$,且

$$D_1\xlongequal[\substack{\vdots \\ \frac{1}{x}c_{n-1}+c_n}]{\substack{\frac{1}{x}c_1+c_2 \\ \frac{1}{x}c_2+c_3}}\begin{vmatrix} x & & & & \\ & x & & & \\ & & x & & \\ & & & \ddots & \\ a_n & a_{n-1}+\dfrac{a_n}{x} & a_{n-2}+\dfrac{a_{n-1}}{x}+\dfrac{a_n}{x^2} & \cdots & \sum\limits_{i=1}^{n}\dfrac{a_i}{x^{i-1}} \end{vmatrix}$$

$$=x^{n-1}\sum_{i=1}^{n}\frac{a_i}{x^{i-1}}=a_n+a_{n-1}x+\cdots+a_1x^{n-1}.$$

于是

$$D=D_1+D_2=a_n+a_{n-1}x+\cdots+a_1x^{n-1}+x^n.$$

综上，$D=a_n+a_{n-1}x+\cdots+a_1x^{n-1}+x^n$.

2. 解：(逐消法(※$_2$)的情形 2)

$$D\xlongequal[\substack{\vdots\\ c_{n-1}+c_n}]{\substack{c_1+c_2\\ c_2+c_3}}\begin{vmatrix}-a_1 & & & & \\ & -a_2 & & & \\ & & \ddots & & \\ & & & -a_n & \\ 1 & 2 & \cdots & n & n+1\end{vmatrix}=(-1)^n(n+1)a_1a_2\cdots a_n.$$

3. 三对角线型

形如⋱⋱⋱，只有三条对角线上元素不为 0.

(1) 结合拆元法和展开定理，利用逐消法处理掉第 3 条对角线上的元素.

(2) 结合拆元法和展开定理，利用递推公式结合通项公式、对偶式和数学归纳法求解.

【举例】

1. $D_n=\begin{vmatrix}2 & 1 & & & \\ 1 & 2 & 1 & & \\ & \ddots & \ddots & \ddots & \\ & & 1 & 2 & 1\\ & & & 1 & 2\end{vmatrix}$.

2. $\begin{vmatrix}1 & a_1 & & & & \\ -1 & 1-a_1 & a_2 & & & \\ & -1 & 1-a_2 & a_3 & & \\ & & \ddots & \ddots & \ddots & \\ & & & -1 & 1-a_{n-1} & a_n\\ & & & & -1 & 1-a_n\end{vmatrix}$.

3. $D_n=\begin{vmatrix}1+x^2 & x & & & \\ x & 1+x^2 & x & & \\ & \ddots & \ddots & \ddots & \\ & & x & 1+x^2 & x\\ & & & x & 1+x^2\end{vmatrix}$.

4. $D_n=\begin{vmatrix}9&5&&&\\4&9&5&&\\&\ddots&\ddots&\ddots&\\&&4&9&5\\&&&4&9\end{vmatrix}$.

5. $D_n=\begin{vmatrix}2a&a^2&&&\\1&2a&a^2&&\\&\ddots&\ddots&\ddots&\\&&1&2a&a^2\\&&&1&2a\end{vmatrix}$.

6. $D_n=\begin{vmatrix}a+b&ab&&&\\1&a+b&ab&&\\&\ddots&\ddots&\ddots&\\&&1&a+b&ab\\&&&1&a+b\end{vmatrix}\ (a\neq b)$

【解析】

1. 解:(拆元法(※$_4$)+逐消法(※$_2$)的情形 2+递推公式法(※$_9$)的情形 1)

沿第一列将 D_n 拆为两个行列式之和,设二者分别为 D_{n1},D_{n2}:

$$D_n=\begin{vmatrix}2&1&&&\\1&2&1&&\\&\ddots&\ddots&\ddots&\\&&1&2&1\\&&&1&2\end{vmatrix}=\begin{vmatrix}1&1&&&\\0&2&1&&\\&\ddots&\ddots&\ddots&\\&&1&2&1\\&&&1&2\end{vmatrix}+\begin{vmatrix}1&1&&&\\1&2&1&&\\&\ddots&\ddots&\ddots&\\&&1&2&1\\&&&1&2\end{vmatrix}.$$

$$D_{n1}\xlongequal[\substack{-r_2+r_3\\ \vdots\\ -r_{n-1}+r_n}]{-r_1+r_2}\begin{vmatrix}1&1&&&\\&1&1&&\\&&\ddots&\ddots&\\&&&1&1\\&&&&1\end{vmatrix}=1,\quad D_{n2}\xlongequal{\text{按第 1 列展开}}D_{n-1}$$

$$\Rightarrow\qquad D_n=1+D_{n-1}=\cdots=n-1+D_1=n+1.$$

2. 解:(逐消法(※$_2$)的情形 2)

$$D\xlongequal[\substack{-r_2+r_3\\ \vdots\\ -r_{n-1}+r_n}]{-r_1+r_2}\begin{vmatrix}1&a_1&&&&\\&1&a_2&&&\\&&1&a_3&&\\&&&\ddots&\ddots&\\&&&&1&a_n\\&&&&&1\end{vmatrix}=1.$$

3. 解:(拆元法(※$_4$)+逐消法(※$_2$)的情形 2+数学归纳法)

沿第一列将 D_n 拆为两个行列式之和，设二者分别为 D_{n1}, D_{n2}：

$$D_n=\begin{vmatrix}1 & x & & & \\ x & 1+x^2 & x & & \\ & \ddots & \ddots & \ddots & \\ & & x & 1+x^2 & x \\ & & & x & 1+x^2\end{vmatrix}+\begin{vmatrix}x^2 & x & & & \\ 0 & 1+x^2 & x & & \\ & \ddots & \ddots & \ddots & \\ & & x & 1+x^2 & x \\ & & & x & 1+x^2\end{vmatrix}.$$

则

$$D_{n1}\xlongequal[\substack{\vdots\\ -xr_{n-1}+r_n}]{\substack{-xr_1+r_2\\ -xr_2+r_3}}\begin{vmatrix}1 & x & & & \\ & 1 & x & & \\ & & \ddots & \ddots & \\ & & & 1 & x \\ & & & & 1\end{vmatrix}=1,\quad D_{n2}\xlongequal{\text{按第 1 列展开}}x^2D_{n-1}$$

$$\Rightarrow \qquad D_n=1+x^2D_{n-1}.$$

$$\Rightarrow \qquad D_1=1+x^2, D_2=1+x^2(1+D_1)=1+x^2+x^4.$$

假设 $D_k=1+x^2+x^4+\cdots+x^{2k}(k=2,3,\cdots,n-1)$，则

$$\begin{aligned}D_{k+1}&=1+x^2D_k=1+x^2(1+x^2+x^4+\cdots+x^{2k})\\&=1+x^2+x^4+\cdots+x^{2(k+2)},\end{aligned}$$

故

$$D_n=1+x^2+x^4+\cdots+x^{2n}.$$

注意：D_n 也可用递推公式法（※$_9$）的情形 1 求得.

4. 解：（拆元法（※$_4$）＋逐消法（※$_2$）的情形 2＋递推公式法（※$_9$）的情形 2）

沿第一列将 D_n 拆为两个行列式之和，设二者分别为 D_{n1}, D_{n2}：

$$D_n=\begin{vmatrix}4 & 5 & & & \\ 4 & 9 & 5 & & \\ & \ddots & \ddots & \ddots & \\ & & 4 & 9 & 5 \\ & & & 4 & 9\end{vmatrix}+\begin{vmatrix}5 & 5 & & & \\ 0 & 9 & 5 & & \\ & \ddots & \ddots & \ddots & \\ & & 4 & 9 & 5 \\ & & & 4 & 9\end{vmatrix}.$$

$$D_{n1}\xlongequal[\substack{\vdots\\ -r_{n-1}+r_n}]{\substack{-r_1+r_2\\ -r_2+r_3}}\begin{vmatrix}4 & 5 & & \\ & \ddots & \ddots & \\ & & 4 & 5 \\ & & & 4\end{vmatrix}=4^n,\quad D_{n2}\xlongequal{\text{按第 1 列展开}}5D_{n-1}$$

$$\Rightarrow \qquad D_n=4^n+5D_{n-1}\Rightarrow\frac{D_n}{5^n}=\left(\frac{4}{5}\right)^n+\frac{D_{n-1}}{5^{n-1}}\Rightarrow D_n=5^{n+1}-4^{n+1}.$$

5. 解：（拆元法（※$_4$）＋逐消法（※$_2$）的情形 3＋递推公式法（※$_9$）的情形 2）

方法一　数学归纳法

$D_1=2a, D_2=3a^2$，假设 $D_k=(k+1)a^k(k=2,3,\cdots,n-1)$，按第一列展开，可得

$$D_{k+1}=2aD_k-\begin{vmatrix} a^2 & 0 & & & \\ 1 & 2a & a^2 & & \\ & \ddots & \ddots & \ddots & \\ & & 1 & 2a & a^2 \\ & & & 1 & 2a \end{vmatrix}$$

$$=2aD_k-a^2D_{k-1}=2a(k+1)a^k-a^2ka^{k-1}=(k+2)a^{k+1}.$$

因此，$D_n=(n+1)a^n$.

方法二　逐消法(※$_2$)的情形 3(逐步提取公因子逐步消除法)

针对行列式从上至下执行这一步骤：第 i 行提取公因子$\frac{i+1}{i}a$，然后再倍加到第 $i+1$ 行上($i=1,2,\cdots,n-1$)，从而

$$D_n=\prod_{i=1}^{n-1}\left(\frac{i+1}{i}a\right)\begin{vmatrix} 1 & \frac{a}{2} & & & \\ & 1 & \frac{2}{3}a & & \\ & & \ddots & \ddots & \\ & & & 1 & \frac{n-1}{n}a \\ & & & & \frac{n+1}{n}a \end{vmatrix}$$

$$=2a\cdot\frac{3}{2}a\cdot\frac{4}{3}a\cdot\cdots\cdot\frac{n}{n-1}a\cdot\frac{n+1}{n}a=(n+1)a^n.$$

6. 解：(逐消法(※$_2$)的情形 2＋拆元法(※$_4$)＋构造对偶式法(※$_{10}$))

方法一　展开定理　三项递推＋构造对偶式法(※$_{10}$)

按第一列展开，可得

$$D_n=(a+b)D_{n-1}-\begin{vmatrix} ab & 0 & & & & \\ 1 & a+b & ab & & & \\ & 1 & a+b & \ddots & & \\ & & 1 & \ddots & ab & \\ & & & \ddots & a+b & ab \\ & & & & 1 & a+b \end{vmatrix}$$

$$=(a+b)D_{n-1}-abD_{n-2},$$

由此可得 $D_n-aD_{n-1}=b(D_{n-1}-aD_{n-2})$，从而

$$D_n-aD_{n-1}=b^{n-2}(D_2-aD_1).$$

又 $D_1=a+b$，$D_2=a^2+ab+b^2$，故

$$D_n-aD_{n-1}=b^n.$$

又 a,b 具有轮换对称性，故

$$D_n-bD_{n-1}=a^n.$$

解$\begin{cases}D_n-aD_{n-1}=b^n\\D_n-bD_{n-1}=a^n\end{cases}$，得 $D_n=\dfrac{a^{n+1}-b^{n+1}}{a-b}$.

方法二　拆元法（※$_4$）＋两项递推法＋构造对偶式法（※$_{10}$）

$$D_{n1}=\begin{vmatrix}a & ab & & & \\ 1 & a+b & ab & & \\ & \ddots & \ddots & \ddots & \\ & & 1 & a+b & ab \\ & & & 1 & a+b\end{vmatrix}\xlongequal[\substack{\vdots\\ -bc_{n-1}+c_n}]{\substack{-bc_1+c_2\\ -bc_2+c_3}}\begin{vmatrix}a & & & \\ 1 & a & & \\ & 1 & \ddots & \\ & & \ddots & a \\ & & & 1 & a\end{vmatrix}=a^n,$$

$$D_{n2}=\begin{vmatrix}b & ab & & & & \\ 0 & a+b & ab & & & \\ & 1 & a+b & \ddots & & \\ & & 1 & \ddots & ab & \\ & & & \ddots & a+b & ab \\ & & & & 1 & a+b\end{vmatrix}=bD_{n-1},$$

从而 $D=D_{n1}+D_{n2}=a^n+bD_{n-1}$.

又 a,b 具有轮换对称性，故 $D_n=b^n+aD_{n-1}$.

解$\begin{cases}D_n=a^n+bD_{n-1}\\D_n=b^n+aD_{n-1}\end{cases}$，得 $D_n=\dfrac{a^{n+1}-b^{n+1}}{a-b}$.

方法三　数学归纳法

$$D_1=a+b=\frac{a^2-b^2}{a-b},D_2=(a+b)^2-ab=a^2+ab+b^2=\frac{a^3-b^3}{a-b}.$$

假设 $D_k=\dfrac{a^{k+1}-b^{k+1}}{a-b}(k=2,3,\cdots,n-1)$，按第一列展开，可得

$$D_{k+1}=(a+b)D_k-\begin{vmatrix}ab & 0 & & & & \\ 1 & a+b & ab & & & \\ & 1 & a+b & \ddots & & \\ & & 1 & \ddots & ab & \\ & & & \ddots & a+b & ab \\ & & & & 1 & a+b\end{vmatrix}$$

$$=(a+b)D_k-abD_{k-1}=(a+b)\frac{a^{k+1}-b^{k+1}}{a-b}-ab\frac{a^k-b^k}{a-b}$$

$$=\frac{a^{k+2}+a^{k+1}b-ab^{k+1}-b^{k+2}-a^{k+1}b+ab^{k+1}}{a-b}=\frac{a^{k+2}-b^{k+2}}{a-b}.$$

因此，$D_n=\dfrac{a^{n+1}-b^{n+1}}{a-b}$.

4. 穿山道型

形如或，对角线之外的元素相同.

(1) 若对角线元素相同,则变为行(列)和一致型.

(2) 若对角线元素不相同,则可采用加边法,将行列式化简为爪型行列式;有时也可不用加边法,利用行列式的性质将其化为 Laplace 型.

5. 行(列)和一致型

行(列)加和元素相同.可将每行元素都加到第一行,然后提取和因子,使第一行元素均化为 1,然后利用行列式的性质,将行列式化简为上三角行列式.

【举例】

1. (1) $D=\begin{vmatrix}1&1&1&0\\1&1&0&1\\1&0&1&1\\0&1&1&1\end{vmatrix}$;

(2) $D=\begin{vmatrix}3+a&3&3&3\\3&3-a&3&3\\3&3&3+b&3\\3&3&3&3-b\end{vmatrix}$;

(3) $D=\begin{vmatrix}1+a_1&1&\cdots&1\\1&1+a_2&\cdots&1\\\vdots&\vdots&&\vdots\\1&1&\cdots&1+a_n\end{vmatrix}$ $(a_i\neq 0,i=1,2,\cdots,n)$;

(4) $D=\begin{vmatrix}1&2&2&\cdots&2\\2&2&2&\cdots&2\\2&2&3&\cdots&2\\\vdots&\vdots&\vdots&&\vdots\\2&2&2&\cdots&n\end{vmatrix}$.

2. (1) $D=\begin{vmatrix}1&-1&1&x-1\\1&-1&x+1&-1\\1&x-1&1&-1\\x+1&-1&1&-1\end{vmatrix}$;

(2) $D=\begin{vmatrix}a&b&c&d-x\\a&b&c-x&d\\a&b-x&c&d\\a-x&b&c&d\end{vmatrix}$.

【解析】

1. 解:

(1) 穿山道→行和一致型→累消法(※$_3$)的两种情形

$$D\xlongequal[r_4+r_1]{\substack{r_2+r_1\\ r_3+r_1}}3\begin{vmatrix}1&1&1&1\\1&1&0&1\\1&0&1&1\\0&1&1&1\end{vmatrix}\xlongequal[-r_1+r_4]{\substack{-r_1+r_2\\ -r_1+r_3}}3\begin{vmatrix}1&1&1&1\\0&0&-1&0\\0&-1&0&0\\-1&0&0&0\end{vmatrix}$$

$$=3\begin{vmatrix}&&&1\\&&-1&\\&-1&&\\-1&&&\end{vmatrix}\xlongequal[c_2\leftrightarrow c_3]{c_1\leftrightarrow c_4}3\begin{vmatrix}1&&&\\&-1&&\\&&-1&\\&&&-1\end{vmatrix}=-3.$$

(2) 穿山道→对角线元素不同→加边法＋累消法(※$_3$)的两种情形

当 $a=0$ 或 $b=0$ 时，$D=0$.

当 $ab\neq0$ 时，

$$D=\begin{vmatrix}1&3&3&3&3\\0&3+a&3&3&3\\0&3&3-a&3&3\\0&3&3&3+b&3\\0&3&3&3&3-b\end{vmatrix}\xlongequal[\substack{-r_1+r_4\\ -r_1+r_5}]{\substack{-r_1+r_2\\ -r_1+r_3}}\begin{vmatrix}1&3&3&3&3\\-1&a&0&0&0\\-1&0&-a&0&0\\-1&0&0&b&0\\-1&0&0&0&-b\end{vmatrix}$$

$$\xlongequal[\substack{\frac{1}{b}c_4+c_1\\ -\frac{1}{b}c_5+c_1}]{\substack{ac_2+c_1\\ -\frac{1}{a}c_3+c_1}}\begin{vmatrix}1&3&3&3&3\\0&a&0&0&0\\0&0&-a&0&0\\0&0&0&b&0\\0&0&0&0&-b\end{vmatrix}=a^2b^2.$$

(3) 穿山道→对角线元素不同→加边法＋累消法(※$_3$)的两种情形

$$D=\begin{vmatrix}1+a_1&1&\cdots&1\\1&1+a_2&\cdots&1\\\vdots&\vdots&&\vdots\\1&1&\cdots&1+a_n\end{vmatrix}=\begin{vmatrix}1&1&1&\cdots&1\\&1+a_1&1&\cdots&1\\&1&1+a_2&\cdots&1\\&\vdots&\vdots&&\vdots\\&1&1&\cdots&1+a_n\end{vmatrix}$$

$$\xlongequal[\substack{\vdots\\ -r_1+r_{n+1}}]{\substack{-r_1+r_2\\ -r_1+r_3}}\begin{vmatrix}1&1&1&\cdots&1\\-1&a_1&&&\\-1&&a_2&&\\\vdots&&&\ddots&\\-1&&&&a_n\end{vmatrix}\xlongequal[i=2,3,\cdots,n+1]{\frac{1}{a_{i-1}}c_i+c_1}\begin{vmatrix}1+\sum\limits_{i=1}^{n}\frac{1}{a_i}&1&1&\cdots&1\\&a_1&&&\\&&a_2&&\\&&&\ddots&\\&&&&a_n\end{vmatrix}$$

$$=\left(1+\sum_{i=1}^{n}\frac{1}{a_i}\right)a_1a_2\cdots a_n.$$

(4) 穿山道→对角线元素不同→累消法(※$_3$)

$$D \xlongequal[i=3,4,\cdots,n]{-r_2+r_i} \begin{vmatrix} 1 & 2 & 2 & \cdots & 2 \\ 2 & 2 & 2 & \cdots & 2 \\ & & 1 & & \\ & & & \ddots & \\ & & & & n-2 \end{vmatrix}$$

$$\xlongequal[i=3,3,\cdots,n]{-\frac{1}{i-2}r_i+r_1} \begin{vmatrix} 1 & 2 \\ 2 & 2 \end{vmatrix} \begin{vmatrix} 1 & & & \\ & 2 & & \\ & & \ddots & \\ & & & n-2 \end{vmatrix} = -(n-2)!.$$

2. 解：

(1) 穿山道→行和一致型→累消法(※$_3$)的两种情形

$$D \xlongequal[c_4+c_1]{\substack{c_2+c_1 \\ c_3+c_1}} x \begin{vmatrix} 1 & -1 & 1 & x-1 \\ 1 & -1 & x+1 & -1 \\ 1 & x-1 & 1 & -1 \\ 1 & -1 & 1 & -1 \end{vmatrix}$$

$$\xlongequal[c_1+c_4]{\substack{c_1+c_2 \\ -c_1+c_3}} x \begin{vmatrix} 1 & 0 & 0 & x \\ 1 & 0 & x & 0 \\ 1 & x & 0 & 0 \\ 1 & 0 & 0 & 0 \end{vmatrix} \xlongequal[c_2 \leftrightarrow c_3]{c_1 \leftrightarrow c_4} x \begin{vmatrix} x & 0 & 0 & 1 \\ 0 & x & 0 & 1 \\ 0 & 0 & x & 1 \\ 0 & 0 & 0 & 1 \end{vmatrix} = x^4.$$

(2) 穿山道→行和一致型→累消法(※$_3$)的两种情形

$$D \xlongequal[c_4+c_1]{\substack{c_2+c_1 \\ c_3+c_1}} (a+b+c+d-x) \begin{vmatrix} 1 & b & c & d-x \\ 1 & b & c-x & d \\ 1 & b-x & c & d \\ 1 & b & c & d \end{vmatrix}$$

$$\xlongequal[-dc_1+c_4]{\substack{-bc_1+c_2 \\ -cc_1+c_3}} (a+b+c+d-x) \begin{vmatrix} 1 & 0 & 0 & -x \\ 1 & 0 & -x & 0 \\ 1 & -x & 0 & 0 \\ 1 & 0 & 0 & 0 \end{vmatrix}$$

$$\xlongequal[c_2 \leftrightarrow c_3]{c_1 \leftrightarrow c_4} (a+b+c+d-x) \begin{vmatrix} -x & 0 & 0 & 1 \\ 0 & -x & 0 & 1 \\ 0 & 0 & -x & 1 \\ 0 & 0 & 0 & 1 \end{vmatrix}$$

$$= -x^3(a+b+c+d-x).$$

第 3 章　可逆矩阵

知识扫描

可逆矩阵，难度不大，重点在于可逆矩阵和秩的求法，常作为工具在后续章节使用. 读者在复习时，可借助思维导图和列举的要点着重掌握.

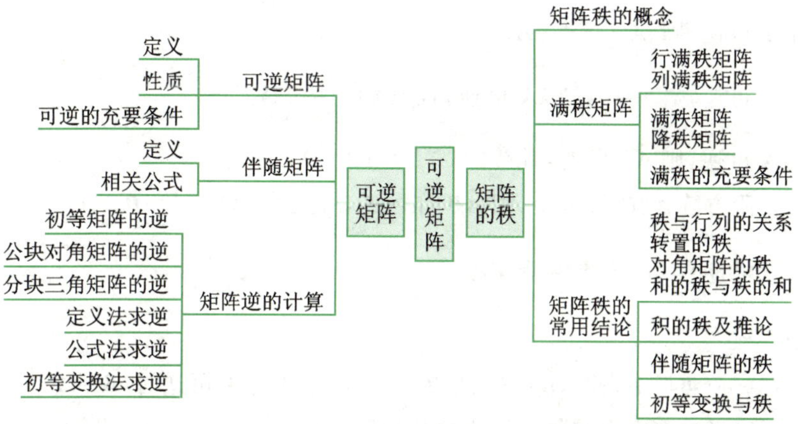

1. 理解逆矩阵的概念，掌握逆矩阵的性质以及矩阵可逆的充分必要条件，理解伴随矩阵的概念，会用伴随矩阵求逆矩阵.

2. 理解矩阵的秩的概念，掌握用初等变换求矩阵的秩和逆矩阵的方法.

§1　可逆矩阵

要点 1　可逆矩阵★★

1. 定　义

设 $\boldsymbol{A}$ 为 n 阶方阵，若存在 n 阶方阵 $\boldsymbol{B}$，使得 $\boldsymbol{AB}=\boldsymbol{BA}=\boldsymbol{E}$，则称方阵 $\boldsymbol{A}$ 是可逆的，并称方阵 $\boldsymbol{B}$ 为方阵 $\boldsymbol{A}$ 的逆矩阵，简称 $\boldsymbol{A}$ 的逆，记为 $\boldsymbol{A}^{-1}$，即 $\boldsymbol{B}=\boldsymbol{A}^{-1}$.

可逆矩阵又称为非奇异矩阵，不可逆矩阵又称为奇异矩阵.

可逆与否是针对方阵的，非方阵无可逆与否一说.

以例明理

可逆矩阵

$$\left.\begin{aligned}A=\begin{bmatrix}1&1\\1&2\end{bmatrix},B=\begin{bmatrix}2&-1\\-1&1\end{bmatrix}\Rightarrow AB&=\begin{bmatrix}1&1\\1&2\end{bmatrix}\begin{bmatrix}2&-1\\-1&1\end{bmatrix}=\begin{bmatrix}1&0\\0&1\end{bmatrix}=E,\\ BA&=\begin{bmatrix}2&-1\\-1&1\end{bmatrix}\begin{bmatrix}1&1\\1&2\end{bmatrix}=\begin{bmatrix}1&0\\0&1\end{bmatrix}=E.\end{aligned}\right\}\Rightarrow A\text{可逆},B=A^{-1}.$$

2. 性　质

(1) 可逆矩阵的逆矩阵是唯一的.

(2) 若 A 可逆,则$(A^{-1})^{-1}=A$.

(3) 若 A 可逆,数 $\lambda\neq0$,则 λA 可逆,且$(\lambda A)^{-1}=\frac{1}{\lambda}A^{-1}$.

(4) 若 A 可逆,则 A^{T} 可逆,且有$(A^{\mathrm{T}})^{-1}=(A^{-1})^{\mathrm{T}}$.

(5) 若 n 阶方阵 A,B 均可逆,则 AB 亦可逆,并且有$(AB)^{-1}=B^{-1}A^{-1}$.

3. 矩阵可逆的充要条件★★★

(1) $|A|\neq0$.

(2) 存在 n 阶方阵 B,使 $AB=E$(或 $BA=E$),并且当 A 可逆时,$B=A^{-1}$.

(3) A 可以经过有限次初等变换为单位矩阵.

(4) A 可表示为有限个初等矩阵乘积.

(5) A 可以只经过初等行(列)变化为单位矩阵 E.

【举例】

1. 设同阶方阵 ABC 满足关系式 $ABC=E$,则必有(　).

A. $ACB=E$　　B. $CBA=E$　　C. $BAC=E$　　D. $BCA=E$

2. 若 A,B 为同阶方阵,且满足 $AB=O$,则有(　).

A. $A=OB=O$　　B. $|A|=0$ 或 $|B|=0$

C. $(A+B)^2=A^2+B^2$　　D. A 与 B 均可逆

3. 若对任意方阵 B,C,由 $AB=AC$ 为(A,B,C 为同阶方阵)能推出 $B=C$,则 A 满足(　).

A. $A\neq O$　　B. $A=O$　　C. $|A|\neq0$　　D. $|AB|\neq0$

4. 已知 A 为 n 阶非零方阵,若有 n 阶方阵 B 使 $AB=BA=A$,则(　).

A. B 为单位矩阵　　B. B 为零矩阵　　C. $B^{-1}=A$　　D. 不一定

【解析】

1. 解:

因为 $ABC=E$,所以 $AB=C^{-1}$,$BC=A^{-1}$,从而 $BCA=CAB=E$.

因此,应选 D.

2. 解：

$\boldsymbol{AB}=\boldsymbol{O}$，并不能推出 $\boldsymbol{A}=\boldsymbol{O},\boldsymbol{B}=\boldsymbol{O}$，故 A 错误.

$\boldsymbol{AB}=\boldsymbol{O}$，故 $|\boldsymbol{A}||\boldsymbol{B}|=0$，从而 $|\boldsymbol{A}|=0$ 或 $|\boldsymbol{B}|=0$，也即 A 或 B 不可逆，故 B 正确，D 错误.

$\boldsymbol{AB}=\boldsymbol{O}$，不能推出 $\boldsymbol{BA}=\boldsymbol{O}$，即 $(\boldsymbol{A}+\boldsymbol{B})^2=\boldsymbol{A}^2+\boldsymbol{BA}+\boldsymbol{B}^2$，故 C 错误.

因此，应选 B.

3. 解：

当 $\boldsymbol{A}$ 可逆时，由 $\boldsymbol{AB}=\boldsymbol{AC}$，左右乘 $\boldsymbol{A}^{-1}$ 得 $\boldsymbol{B}=\boldsymbol{C}$，而 $\boldsymbol{A}$ 可逆的充分必要条件是 $|\boldsymbol{A}|\neq 0$，故 C 正确.

因此，应选 C.

4. 解：

当 $\boldsymbol{A}$ 可逆时，由 $\boldsymbol{AB}=\boldsymbol{BA}=\boldsymbol{A}$，得 $\boldsymbol{B}=\boldsymbol{E}$.

当 $\boldsymbol{A}$ 不可逆时，取 $\boldsymbol{A}=\boldsymbol{B}=\begin{bmatrix}1&0\\0&0\end{bmatrix}$，则 $\begin{bmatrix}1&0\\0&0\end{bmatrix}\begin{bmatrix}1&0\\0&0\end{bmatrix}=\begin{bmatrix}1&0\\0&0\end{bmatrix}$，即 $\boldsymbol{AB}=\boldsymbol{BA}=\boldsymbol{A}$ 成立.

因此，$\boldsymbol{B}$ 取值不一定，故应选 D.

要点 2　伴随矩阵★★

1. 定　义

设 n 阶方阵 $\boldsymbol{A}=(a_{ij})$，元素 a_{ij} 在 $|\boldsymbol{A}|$ 中的代数余子式为 A_{ij}，则矩阵

$$\boldsymbol{A}^*=(A_{ij})^{\mathrm{T}}=\begin{bmatrix}A_{11}&A_{21}&\cdots&A_{n1}\\A_{12}&A_{22}&\cdots&A_{n2}\\\vdots&\vdots&&\vdots\\A_{1n}&A_{2n}&\cdots&A_{nn}\end{bmatrix}$$

称为方阵 $\boldsymbol{A}$ 的伴随矩阵.

2. 相关公式

$\boldsymbol{A}^*\boldsymbol{A}=\boldsymbol{AA}^*=|\boldsymbol{A}|\boldsymbol{E}\Rightarrow$ 当 $|\boldsymbol{A}|\neq 0$ 时，$\boldsymbol{A}^{-1}=\dfrac{1}{|\boldsymbol{A}|}\boldsymbol{A}^*$，$\boldsymbol{A}^*=|\boldsymbol{A}|\boldsymbol{A}^{-1}$；

由 $|\boldsymbol{A}^*\boldsymbol{A}|=||\boldsymbol{A}|\boldsymbol{E}|$ 得，$|\boldsymbol{A}^*||\boldsymbol{A}|=|\boldsymbol{A}|^n$，即 $|\boldsymbol{A}^*|=|\boldsymbol{A}|^{n-1}$；

$(\boldsymbol{A}^*)^{-1}=(|\boldsymbol{A}|\boldsymbol{A}^{-1})^{-1}=\dfrac{\boldsymbol{A}}{|\boldsymbol{A}|}$；

$(\boldsymbol{A}^*)^*=(|\boldsymbol{A}|\boldsymbol{A}^{-1})^*=|\boldsymbol{A}^*|(\boldsymbol{A}^*)^{-1}=|\boldsymbol{A}|^{n-1}\dfrac{\boldsymbol{A}}{|\boldsymbol{A}|}=|\boldsymbol{A}|^{n-2}\boldsymbol{A}$.

以例明理

伴随矩阵与逆矩阵

$$\boldsymbol{A}=\begin{bmatrix}1&2&3\\4&5&6\\6&8&9\end{bmatrix}\Rightarrow|\boldsymbol{A}|=\begin{vmatrix}1&2&3\\4&5&6\\6&8&9\end{vmatrix}\xlongequal[-6r_1+r_3]{-4r_1+r_2}\begin{vmatrix}1&2&3\\0&-3&-6\\0&-4&-9\end{vmatrix}=\begin{vmatrix}-3&-6\\-4&-9\end{vmatrix}=3.$$

$$\Rightarrow\begin{cases}A_{11}=(-1)^{1+1}\times\begin{vmatrix}5&6\\8&9\end{vmatrix}=-3,\ A_{12}=(-1)^{1+2}\times\begin{vmatrix}4&6\\6&9\end{vmatrix}=0,\ A_{13}=(-1)^{1+3}\times\begin{vmatrix}4&5\\6&8\end{vmatrix}=2,\\ A_{21}=(-1)^{2+1}\times\begin{vmatrix}2&3\\8&9\end{vmatrix}=6,\ A_{22}=(-1)^{2+2}\times\begin{vmatrix}1&3\\6&9\end{vmatrix}=-9,\ A_{23}=(-1)^{2+3}\times\begin{vmatrix}1&2\\6&8\end{vmatrix}=4,\\ A_{31}=(-1)^{3+1}\times\begin{vmatrix}2&3\\5&6\end{vmatrix}=-3,\ A_{32}=(-1)^{3+2}\times\begin{vmatrix}1&3\\4&6\end{vmatrix}=6,\ A_{33}=(-1)^{3+3}\times\begin{vmatrix}1&2\\4&5\end{vmatrix}=-3.\end{cases}$$

$$\Rightarrow\underset{\text{伴随矩阵}}{\boldsymbol{A}^*}=(A_{ij})^{\mathrm{T}}=\begin{bmatrix}A_{11}&A_{21}&A_{31}\\A_{12}&A_{22}&A_{32}\\A_{13}&A_{23}&A_{33}\end{bmatrix}=\begin{bmatrix}-3&6&-3\\0&-9&6\\2&4&-3\end{bmatrix}.$$

$$\Rightarrow\boldsymbol{A}^*\boldsymbol{A}=\begin{bmatrix}-3&6&-3\\0&-9&6\\2&4&-3\end{bmatrix}\begin{bmatrix}1&2&3\\4&5&6\\6&8&9\end{bmatrix}=\begin{bmatrix}3&&\\&3&\\&&3\end{bmatrix}=|\boldsymbol{A}|\boldsymbol{E}.$$

$$\Rightarrow\boldsymbol{A}^{-1}=\frac{\boldsymbol{A}^*}{|\boldsymbol{A}|}=\frac{1}{3}\begin{bmatrix}-3&6&-3\\0&-9&6\\2&4&-3\end{bmatrix}=\begin{bmatrix}-1&2&-1\\0&-3&2\\\frac{2}{3}&\frac{4}{3}&-1\end{bmatrix}.$$

【举例】

1. 设 $\boldsymbol{A},\boldsymbol{B}$ 均为 n 阶方阵，且 $|\boldsymbol{A}|=2$，$|\boldsymbol{B}|=-3$，则 $|2\boldsymbol{A}^*\boldsymbol{B}^{-1}|=$________，$||2\boldsymbol{A}^*|\boldsymbol{B}^{\mathrm{T}}|=$________.

2. 设实矩阵 $\boldsymbol{A}_{3\times3}=(a_{ij})\neq\boldsymbol{O}$，且 $a_{ij}+A_{ij}=0(i,j=1,2,3)$($A_{ij}$ 为 a_{ij} 的代数余子式)，则 $|\boldsymbol{A}|=$________.

3. 设 $\boldsymbol{A}$ 为 $n(n\geqslant2)$ 阶可逆矩阵，交换 $\boldsymbol{A}$ 的第 1 行与第 2 行得矩阵 $\boldsymbol{B}$，$\boldsymbol{A}^*$，$\boldsymbol{B}^*$ 分别为 $\boldsymbol{A},\boldsymbol{B}$ 的伴随矩阵，则(　).

A. 交换 $\boldsymbol{A}^*$ 的第 1 列与第 2 列得矩阵 $\boldsymbol{B}^*$

B. 交换 $\boldsymbol{A}^*$ 的第 1 行与第 2 行得矩阵 $\boldsymbol{B}^*$

C. 交换 $\boldsymbol{A}^*$ 的第 1 列与第 2 列得矩阵 $\boldsymbol{B}^*$

D. 交换 $\boldsymbol{A}^*$ 的第 1 行与第 2 行得矩阵 $-\boldsymbol{B}^*$

4. 设 $\boldsymbol{A}=\begin{bmatrix}1&2&0\\1&3&0\\0&0&1\end{bmatrix}$，且满足 $\boldsymbol{ABA}^*=2\boldsymbol{BA}^*+\boldsymbol{A}^{-1}$，求 $\boldsymbol{B}^*$.

【解析】

1. 解：

因为 $\boldsymbol{AA}^*=|\boldsymbol{A}|\boldsymbol{E}$，所以 $\boldsymbol{A}^*=|\boldsymbol{A}|\boldsymbol{A}^{-1}$，从而

$$|\boldsymbol{A}^*|=||\boldsymbol{A}|\boldsymbol{A}^{-1}|=|\boldsymbol{A}|^n|\boldsymbol{A}|^{-1}=|\boldsymbol{A}|^{n-1},$$

又 $|\boldsymbol{A}|=2$，$|\boldsymbol{B}|=-3$，故

$$|2\boldsymbol{A}^*\boldsymbol{B}^{-1}|=2^n|\boldsymbol{A}^*||\boldsymbol{B}|^{-1}=2^n|\boldsymbol{A}|^{n-1}|\boldsymbol{B}|^{-1}$$

$$=2^n\cdot2^{n-1}\cdot(-3)^{-1}=-\frac{1}{3}\cdot2^{2n-1},$$

$$||2A^*|B^T|=|2A^*|^n|B^T|=(2^n)^n|A^*|^n|B|=(2^n)^n(|A|^{n-1})^n|B|$$
$$=2^{n^2}\cdot(2^{n-1})^n\cdot(-3)=-3\cdot 2^{2n^2-n}.$$

2. 解：

因为 $a_{ij}+A_{ij}=0$，所以 $A^*=(A_{ji})=(-a_{ji})=-A^T$. 由 $AA^*=|A|E$，得 $A(-A^T)=|A|E$，从而 $-|A|^2=|A|^3$，故 $|A|=0$ 或 -1.

又 $A\neq O$，故 a_{ij} 不全为 0.

由题 $|A|=a_{11}A_{11}+a_{12}A_{12}+a_{13}A_{13}=-a_{11}^2-a_{12}^2-a_{13}^2$，同理

$$|A|=-a_{21}^2-a_{22}^2-a_{23}^2=-a_{31}^2-a_{32}^2-a_{33}^2,$$

故 $|A|\neq 0$，从而 $|A|=-1$.

3. 解：

依题意，$B=P(1,2)A$，则

$$B^*=[P(1,2)A]^*=A^*P^*(1,2)=A^*|P(1,2)|P^{-1}(1,2)=-A^*P(1,2).$$

因此，应选 C.

注意：$(AB)^*=B^*A^*$.

4. 解：

在 $ABA^*=2BA^*+A^{-1}$ 左右两边同乘 A，得 $ABA^*A=2BA^*A+E$，即

$$AB\cdot|A|E=2B|A|E+E.$$

又 $|A|=\begin{vmatrix}1&2&0\\1&3&0\\0&0&1\end{vmatrix}=1$，故 $AB=2B+E$.

于是 $(A-2E)B=E$，从而 $B=(A-2E)^{-1}$，$|A-2E|=3$.

又 $A-2E=\begin{bmatrix}-1&2&0\\1&1&0\\0&0&-1\end{bmatrix}$，从而

$$B^*=|B|B^{-1}=\frac{1}{|A-2E|}(A-2E)=\frac{1}{3}\begin{bmatrix}-1&2&0\\1&1&0\\0&0&-1\end{bmatrix}.$$

要点 3 可逆矩阵的计算★★

1. 初等矩阵的逆

初等矩阵都是可逆的，而且其逆矩阵仍是同类的初等矩阵，即

$$P(i,j)^{-1}=P(i,j);$$

$$P(i[k])^{-1}=P\left(i[\frac{1}{k}]\right),k\neq 0;$$

$$P(i,j[k])^{-1}=P(i,j[-k]).$$

2. 分块对角矩阵的逆

当 $|\boldsymbol{A}_1||\boldsymbol{A}_2|\cdots|\boldsymbol{A}_s|\neq 0$ 时，则有

$$\boldsymbol{A}=\begin{bmatrix}\boldsymbol{A}_1 & & & \\ & \boldsymbol{A}_2 & & \\ & & \ddots & \\ & & & \boldsymbol{A}_s\end{bmatrix},\quad \boldsymbol{B}=\begin{bmatrix} & & & \boldsymbol{A}_s \\ & & \iddots & \\ & \boldsymbol{A}_2 & & \\ \boldsymbol{A}_1 & & & \end{bmatrix}$$

均可逆，且

$$\boldsymbol{A}^{-1}=\begin{bmatrix}\boldsymbol{A}_1^{-1} & & & \\ & \boldsymbol{A}_2^{-1} & & \\ & & \ddots & \\ & & & \boldsymbol{A}_s^{-1}\end{bmatrix},\boldsymbol{B}^{-1}=\begin{bmatrix} & & & \boldsymbol{A}_1^{-1} \\ & & \boldsymbol{A}_2^{-1} & \\ & \iddots & & \\ \boldsymbol{A}_s^{-1} & & & \end{bmatrix}.$$

3. 利用矩阵分块法求分块三角矩阵的逆

分块三角矩阵的逆与其同型，据此进行如下探讨：

$$\begin{bmatrix}\boldsymbol{A} & \boldsymbol{O} \\ \boldsymbol{C} & \boldsymbol{B}\end{bmatrix}\begin{bmatrix}\boldsymbol{A}^{-1} & \boldsymbol{O} \\ \boldsymbol{D} & \boldsymbol{B}^{-1}\end{bmatrix}=\begin{bmatrix}\boldsymbol{E}_1 & \boldsymbol{O} \\ \boldsymbol{CA}^{-1}+\boldsymbol{BD} & \boldsymbol{E}_2\end{bmatrix}=\begin{bmatrix}\boldsymbol{E}_1 & \boldsymbol{O} \\ \boldsymbol{O} & \boldsymbol{E}_2\end{bmatrix},$$

$$\boldsymbol{CA}^{-1}+\boldsymbol{BD}=\boldsymbol{O}\Rightarrow \boldsymbol{D}=-\boldsymbol{B}^{-1}\boldsymbol{CA}^{-1}\Rightarrow\begin{bmatrix}\boldsymbol{A} & \boldsymbol{O} \\ \boldsymbol{C} & \boldsymbol{B}\end{bmatrix}^{-1}=\begin{bmatrix}\boldsymbol{A}^{-1} & \boldsymbol{O} \\ -\boldsymbol{B}^{-1}\boldsymbol{CA}^{-1} & \boldsymbol{B}^{-1}\end{bmatrix};$$

$$\begin{bmatrix}\boldsymbol{A} & \boldsymbol{C} \\ \boldsymbol{O} & \boldsymbol{B}\end{bmatrix}\begin{bmatrix}\boldsymbol{A}^{-1} & \boldsymbol{D} \\ \boldsymbol{O} & \boldsymbol{B}^{-1}\end{bmatrix}=\begin{bmatrix}\boldsymbol{E}_1 & \boldsymbol{AD}+\boldsymbol{CB}^{-1} \\ \boldsymbol{O} & \boldsymbol{E}_2\end{bmatrix}=\begin{bmatrix}\boldsymbol{E}_1 & \boldsymbol{O} \\ \boldsymbol{O} & \boldsymbol{E}_2\end{bmatrix},$$

$$\boldsymbol{AD}+\boldsymbol{CB}^{-1}=\boldsymbol{O}\Rightarrow \boldsymbol{D}=-\boldsymbol{A}^{-1}\boldsymbol{CB}^{-1}\Rightarrow\begin{bmatrix}\boldsymbol{A} & \boldsymbol{O} \\ \boldsymbol{C} & \boldsymbol{B}\end{bmatrix}^{-1}=\begin{bmatrix}\boldsymbol{A}^{-1} & -\boldsymbol{A}^{-1}\boldsymbol{CB}^{-1} \\ \boldsymbol{O} & \boldsymbol{B}^{-1}\end{bmatrix}.$$

4. 矩阵逆的求法★★★

(1) 利用 $\boldsymbol{AB}=\boldsymbol{E}$($\boldsymbol{A},\boldsymbol{B}$ 为同阶方阵)求得 $\boldsymbol{A}^{-1}=\boldsymbol{B}$.

(2) 利用初等矩阵和分块对角矩阵求矩阵的逆.

(3) 二阶、三阶矩阵可用逆的公式法计算逆，总原则：

先计算 $\boldsymbol{A}^*=(A_{ij})^{\mathrm{T}}=\begin{bmatrix}A_{11} & A_{21} & \cdots & A_{n1} \\ A_{12} & A_{22} & \cdots & A_{n2} \\ \vdots & \vdots & & \vdots \\ A_{1n} & A_{2n} & \cdots & A_{nn}\end{bmatrix}$，再计算 $\boldsymbol{A}^{-1}=\dfrac{1}{|\boldsymbol{A}|}\boldsymbol{A}^*$.

二阶矩阵 $\boldsymbol{A}=\begin{bmatrix}a & b \\ c & d\end{bmatrix}$：

$$\boldsymbol{A}^*=\begin{bmatrix}d & -b \\ -c & a\end{bmatrix},\quad \boldsymbol{A}^{-1}=\frac{1}{ad-bc}\begin{bmatrix}d & -b \\ -c & a\end{bmatrix}.$$

(4) 三阶及以上矩阵利用初等变换法求逆：

$$(\boldsymbol{A},\boldsymbol{E})\xrightarrow{\text{初等行变换}}(\boldsymbol{E},\boldsymbol{A}^{-1})$$

证：$\boldsymbol{A}\xrightarrow{\text{初等行变换}}\boldsymbol{E}\Leftrightarrow\boldsymbol{P}_1\boldsymbol{P}_2\cdots\boldsymbol{P}_s\boldsymbol{A}=\boldsymbol{E}$，$\boldsymbol{P}_i\ (i=1,2,\cdots,s)$是初等矩阵. 此时，$\boldsymbol{A}^{-1}=\boldsymbol{P}_1\boldsymbol{P}_2\cdots\boldsymbol{P}_s$，从而 $\boldsymbol{E}\xrightarrow{\text{相同初等行变换}}\boldsymbol{P}=\boldsymbol{A}^{-1}$.

【举例】

1. 求 $\boldsymbol{A}=\begin{bmatrix}1&2&3&4\\-1&-1&-3&-4\\1&3&4&4\\-&1&0&1\end{bmatrix}$的逆矩阵.

2. 求 $\boldsymbol{A}=\begin{bmatrix}3&0&0&0&0&0\\0&0&0&0&1&2\\0&0&0&0&2&3\\0&1&0&0&0&0\\0&1&1&0&0&0\\0&1&1&1&0&0\end{bmatrix}$的逆矩阵.

3. 设 $\boldsymbol{A}=\begin{bmatrix}1&0&0\\2&2&0\\3&4&5\end{bmatrix}$，$\boldsymbol{A}^*$ 为 $\boldsymbol{A}$ 的伴随矩阵，则$(\boldsymbol{A}^*)^{-1}=$________.

4. 若 $\boldsymbol{A},\boldsymbol{B},(\boldsymbol{B}^{-1}+\boldsymbol{A}^{-1})$为同阶可逆方阵，则$(\boldsymbol{B}^{-1}+\boldsymbol{A}^{-1})^{-1}=$(　　).

A. $\boldsymbol{B}^{-1}+\boldsymbol{A}^{-1}$　　B. $\boldsymbol{B}+\boldsymbol{A}$

C. $(\boldsymbol{B}+\boldsymbol{A})^{-1}$　　D. $\boldsymbol{B}(\boldsymbol{B}+\boldsymbol{A})^{-1}\boldsymbol{A}$

【解析】

1. 解：

$$(\boldsymbol{A},\boldsymbol{E})=\begin{bmatrix}1&2&3&4&1&0&0&0\\-1&-1&-3&-4&0&1&0&0\\1&3&4&4&0&0&1&0\\0&1&0&1&0&0&0&1\end{bmatrix}\xrightarrow[-r_1+r_3]{r_1+r_2}\begin{bmatrix}1&2&3&4&1&0&0&0\\0&1&0&0&1&1&0&0\\0&1&1&0&-1&0&1&0\\0&1&0&1&0&0&0&1\end{bmatrix}\xrightarrow[\substack{-r_2+r_3\\-r_2+r_4}]{-2r_2+r_1}$$

$$\begin{bmatrix}1&0&3&4&-1&-2&0&0\\0&1&0&0&1&1&0&0\\0&0&1&0&-2&-1&1&0\\0&0&0&1&-1&-1&0&1\end{bmatrix}\xrightarrow[-4r_4+r_1]{-3r_3+r_1}\begin{bmatrix}1&0&0&0&9&5&-3&-4\\0&1&0&0&1&1&0&0\\0&0&1&0&-2&-1&1&0\\0&0&0&1&-1&-1&0&1\end{bmatrix},$$

从而

$$\boldsymbol{A}^{-1}=\begin{bmatrix}9&5&-3&-4\\1&1&0&0\\-2&-1&1&0\\-1&-1&0&1\end{bmatrix}.$$

2. 解：

记 $\boldsymbol{A}_1=3,\boldsymbol{A}_2=\begin{bmatrix}0&0&0&1&2\\0&0&0&2&3\\1&0&0&0&0\\1&1&0&0&0\\1&1&1&0&0\end{bmatrix},\boldsymbol{A}_3=\begin{bmatrix}1&0&0\\1&1&0\\1&1&1\end{bmatrix},\boldsymbol{A}_4=\begin{bmatrix}1&2\\2&3\end{bmatrix}$，则

$$\boldsymbol{A}=\begin{bmatrix}\boldsymbol{A}_1&\\&\boldsymbol{A}_2\end{bmatrix},\boldsymbol{A}_2=\begin{bmatrix}&\boldsymbol{A}_4\\\boldsymbol{A}_3&\end{bmatrix},\quad \boldsymbol{A}_3^{-1}=\begin{bmatrix}1&0&0\\-1&1&0\\0&-1&0\end{bmatrix},\quad \boldsymbol{A}_4^{-1}=\begin{bmatrix}-3&2\\2&-1\end{bmatrix},$$

从而

$$\boldsymbol{A}_2^{-1}=\begin{bmatrix}&\boldsymbol{A}_3^{-1}\\\boldsymbol{A}_4^{-1}&\end{bmatrix}=\begin{bmatrix}0&0&1&0&0\\0&0&-1&1&0\\0&0&0&-1&1\\-3&2&0&0&0\\2&-1&0&0&0\end{bmatrix},$$

于是

$$\boldsymbol{A}^{-1}=\begin{bmatrix}\boldsymbol{A}_1^{-1}&\\&\boldsymbol{A}_2^{-1}\end{bmatrix}=\begin{bmatrix}\frac{1}{3}&0&0&0&0&0\\0&0&0&1&0&0\\0&0&0&-1&1&0\\0&0&0&0&-1&1\\0&-3&2&0&0&0\\0&2&-1&0&0&0\end{bmatrix}.$$

3. 解：

因为 $\boldsymbol{A}\boldsymbol{A}^*=|\boldsymbol{A}|\boldsymbol{E}$，所以 $(\boldsymbol{A}^*)^{-1}=\frac{1}{|\boldsymbol{A}|}\boldsymbol{A}$.

又 $|\boldsymbol{A}|=\begin{vmatrix}1&0&0\\2&2&0\\3&4&5\end{vmatrix}=10$，故

$$(\boldsymbol{A}^*)^{-1}=\frac{1}{|\boldsymbol{A}|}\boldsymbol{A}=\frac{1}{10}\boldsymbol{A}=\frac{1}{10}\begin{bmatrix}1&0&0\\2&2&0\\3&4&5\end{bmatrix}.$$

4. 解：

因为 $\boldsymbol{B}^{-1}+\boldsymbol{A}^{-1}=\boldsymbol{A}^{-1}\boldsymbol{A}(\boldsymbol{B}^{-1}+\boldsymbol{A}^{-1})\boldsymbol{B}\boldsymbol{B}^{-1}=\boldsymbol{A}^{-1}(\boldsymbol{A}+\boldsymbol{B})\boldsymbol{B}^{-1}$，所以

$$(\boldsymbol{B}^{-1}+\boldsymbol{A}^{-1})^{-1}=[\boldsymbol{A}^{-1}(\boldsymbol{A}+\boldsymbol{B})\boldsymbol{B}^{-1}]^{-1}=\boldsymbol{B}(\boldsymbol{B}+\boldsymbol{A})^{-1}\boldsymbol{A}.$$

因此，应选 D.

§2　矩阵的秩

要点 1　矩阵秩的概念★★

行列式 $|\boldsymbol{A}|$ 的 k 阶子式，也是矩阵 $\boldsymbol{A}$ 的一个 k 阶子式.

矩阵 $\boldsymbol{A}$ 最高阶非零子式的阶数，即为矩阵 $\boldsymbol{A}$ 的秩，记作 $R(\boldsymbol{A})$.

以例明理

在矩阵 $\boldsymbol{A}=\begin{bmatrix}1&1&2&2\\1&2&3&4\\0&1&0&1\end{bmatrix}$ 中，存在 2 阶子式 $\begin{vmatrix}1&1\\1&2\end{vmatrix}=1\neq0$，且其所有 3 阶子式值全为 0，即 $\begin{vmatrix}1&1&2\\1&2&3\\0&1&0\end{vmatrix}=\begin{vmatrix}1&1&2\\1&2&4\\0&1&1\end{vmatrix}=\begin{vmatrix}1&2&2\\1&3&4\\0&0&1\end{vmatrix}=\begin{vmatrix}1&2&2\\2&3&4\\1&0&1\end{vmatrix}=0$.

因此，矩阵 $\boldsymbol{A}$ 的秩 $R(\boldsymbol{A})=2$.

要点 2　满秩矩阵★

1. 行满秩与列满秩矩阵

若 $\boldsymbol{A}$ 为 $m\times n$ 矩阵，当 $R(\boldsymbol{A})=m$ 时，称 $\boldsymbol{A}$ 为行满秩矩阵；当 $R(\boldsymbol{A})=n$ 时，则称 $\boldsymbol{A}$ 为列满秩矩阵.

对行满秩矩阵 $\boldsymbol{A}_{m\times n}$，必有列满秩矩阵 $\boldsymbol{B}_{m\times n}$，使 $\boldsymbol{AB}=\boldsymbol{E}$.

2. 满秩矩阵和降秩矩阵

若 $\boldsymbol{A}$ 为 n 阶方阵，且 $R(\boldsymbol{A})=n$，则称 $\boldsymbol{A}$ 为满秩矩阵；当 $R(\boldsymbol{A})<n$ 时，则称 $\boldsymbol{A}$ 为降秩矩阵.

显然，当方阵 $\boldsymbol{A}$ 为满秩矩阵时，它既是行满秩的，又是列满秩的；且有以下两个充分必要条件★★：

(1) 方阵 $\boldsymbol{A}$ 为满秩矩阵的充分必要条件是 $|\boldsymbol{A}|\neq0$.

(2) 方阵 $\boldsymbol{A}$ 为满秩矩阵的充分必要条件是方阵 $\boldsymbol{A}$ 可逆.

要点 3　矩阵秩的常用结论★★

1. 常用结论

(1) $R(\boldsymbol{A}_{m\times n})\leqslant\min\{m,n\}$；　　　$R(\boldsymbol{A}^{\mathrm{T}})=R(\boldsymbol{A})$；

$$R\begin{pmatrix}\begin{bmatrix}A & \\ & B\end{bmatrix}\end{pmatrix}=R(A)+R(B);\qquad R(A+B)\leqslant R(A)+R(B).$$

(2) $R(A_{m\times n})+R(B_{n\times p})-n\leqslant R(AB)\leqslant\min\{R(A),R(B)\}$;

当 $A_{m\times n}B_{n\times p}=O$ 时,$R(A)+R(B)\leqslant n$.★★★

(3) 对于 n 阶方阵 A,有 $R(A^*)=\begin{cases}n, & 若\ R(A)=n\\ 1, & 若\ R(A)=n-1\ (n\geqslant 2).\\ 0, & 若\ R(A)<n-1\end{cases}$

2. 初等变换与秩★★★

(1) 初等变换不改变秩;

(2) 等价矩阵秩相同;

(3) 乘可逆矩阵不改变秩.

【举例】

1. 设矩阵 $A\begin{bmatrix}a & -1 & -1\\ -1 & a & -1\\ -1 & -1 & a\end{bmatrix}$ 与 $B\begin{bmatrix}1 & 1 & 0\\ 0 & -1 & 1\\ 1 & 0 & 1\end{bmatrix}$ 等价,则 $a=$________.

2. 设 A 为 4 阶方阵,且 $R(A)=2$,则 $R(A^*)=$________.

3. 设 $A=\begin{bmatrix}1 & 1 & 2 & 2 & 1\\ 0 & 2 & 1 & 5 & -1\\ 2 & 0 & 3 & -1 & 3\\ 1 & 1 & 0 & 4 & -1\end{bmatrix}$,求矩阵 A 的秩.

4. 设 A 为 $m\times n$ 矩阵,B 为 $n\times m$ 矩阵,且 $m>n$,试证 $|AB|=0$.

【解析】

1. 解:

由于 $B=\begin{bmatrix}1 & 1 & 0\\ 0 & -1 & 1\\ 1 & 0 & 1\end{bmatrix}\xrightarrow[r_2+r_1]{-r_1+r_3}\begin{bmatrix}1 & 0 & 1\\ 0 & -1 & 1\\ 0 & -1 & 1\end{bmatrix}\xrightarrow[-r_2+r_3]{r_2\times(-1)}\begin{bmatrix}1 & 0 & 1\\ 0 & 1 & -1\\ 0 & 0 & 0\end{bmatrix}$,故 $R(B)=2$.

因为 $A\cong B$,所以 $R(A)=R(B)=2$.

当 $a=-1$ 时,$R(A)=1$,故 $a\neq-1$.

又 $A\xrightarrow[\substack{r_2\times(-1)\\ r_2+r_3}]{\substack{r_2+r_1\\ r_3+r_1\\ r_3\leftrightarrow r_2}}\begin{bmatrix}a-2 & a-2 & a-2\\ 1 & 1 & -a\\ 0 & 1+a & -(a+1)\end{bmatrix}\xrightarrow[-r_3+r_2]{r_3\times\frac{1}{1+a}}\begin{bmatrix}a-2 & a-2 & a-2\\ 1 & 0 & 1-a\\ 0 & 1 & -1\end{bmatrix}$,

故 $a=2$.

2. 解:

因为当 $R(A)<n-1$ 时,$R(A^*)=0$,所以对于 4 阶矩阵 A 满足 $R(A)=2<4-1$.因此 $R(A^*)=0$.

3. 解：

对 $\boldsymbol{A}$ 进行初等行变换，将其化为行阶梯形：

$$\boldsymbol{A} \to \begin{bmatrix} 1 & 1 & 2 & 2 & 1 \\ 0 & 2 & 1 & 5 & -1 \\ 0 & -2 & -1 & -5 & 1 \\ 0 & 0 & -2 & 2 & -2 \end{bmatrix} \to \begin{bmatrix} 1 & 1 & 2 & 2 & 1 \\ 0 & 2 & 1 & 5 & -1 \\ 0 & 0 & -2 & -2 & -2 \\ 0 & 0 & 0 & 0 & 0 \end{bmatrix},$$

从而 $R(\boldsymbol{A})=3$.

4. 证明：

由题意知，$\boldsymbol{A}$ 为 $m\times n$ 矩阵，$\boldsymbol{B}$ 为 $n\times m$ 矩阵，则 $\boldsymbol{AB}$ 为 $m\times m$ 矩阵；又因为 $m>n$，从而 $R(\boldsymbol{AB})\leqslant R(\boldsymbol{A})\leqslant n<m$，故 $|\boldsymbol{AB}|=0$.

【证毕】

第 4 章　线性方程组与向量组的线性相关性

知识扫描

线性方程组与向量组的线性相关性是全书的核心，难度较大，尤其要搞懂线性方程组与向量组的线性相关性之间的内在联系. 读者在复习时，可借助思维导图和列举的要点着重掌握.

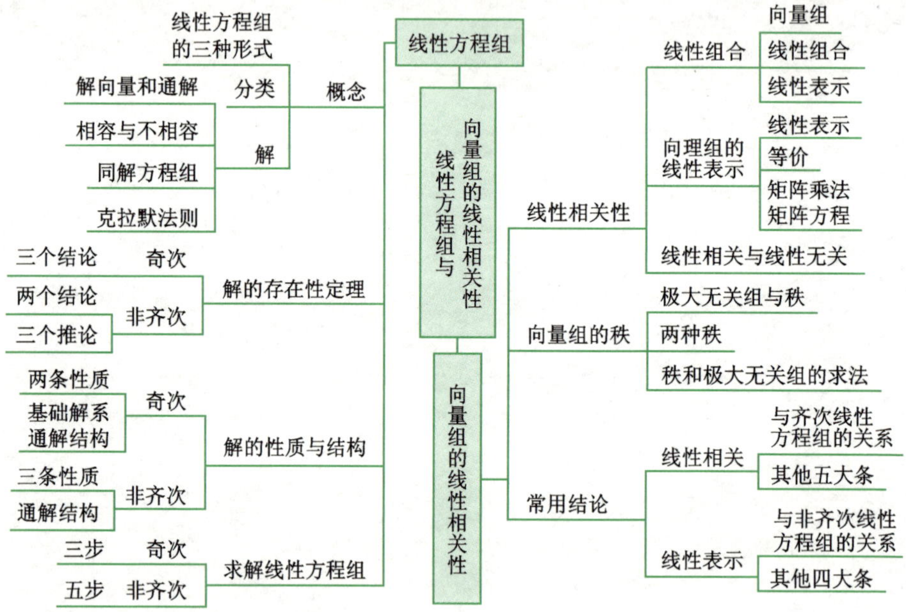

1. 会用克拉默法则(Cramer′s Rule).

2. 理解齐次线性方程组有非零解的充分必要条件及非齐次线性方程组有解的充分必要条件.

3. 理解齐次线性方程组的基础解系、通解及解空间的概念，掌握齐次线性方程组的基础解系和通解的求法.

4. 理解非齐次线性方程组解的结构及通解的概念.

5. 掌握用初等行变换求解线性方程组的方法.

6. 理解 n 维向量、向量的线性组合与线性表示的概念.

7. 理解向量组线性相关、线性无关的概念，掌握向量组线性相关、线性无关的有关性质及判别法.

8. 理解向量组的极大线性无关组和向量组的秩的概念，会求向量组的极大线性无关组及秩.

9. 理解向量组等价的概念，理解矩阵的秩与其行(列)向量组的秩之间的关系.

§1　线性方程组

要点 1　线性方程组的相容性★★

1. 线性方程组的三种形式

(1) 一般式：n 个未知量 m 个方程

$$\begin{cases} a_{11}x_1+a_{12}x_2+\cdots+a_{1n}x_n=b_1 \\ a_{21}x_1+a_{22}x_2+\cdots+a_{2n}x_n=b_2 \\ \qquad\vdots \\ a_{m1}x_1+a_{m2}x_2+\cdots+a_{mn}x_n=b_m \end{cases} \tag{4-1}$$

其中：$x_1,x_2,\cdots,x_n$ 是方程组的 n 个未知量，a_{ij} 是第 i 个方程组中第 j 个未知量的系数 $(i=1,2,\cdots,m;j=1,2,\cdots,n)$，$b_i(i=1,2,\cdots,m)$是第 i 个方程的常数项.

(2) 矩阵式：若记

$$\boldsymbol{A}=\begin{bmatrix} a_{11} & a_{12} & \cdots & a_{1n} \\ a_{21} & a_{22} & \cdots & a_{2n} \\ \vdots & \vdots & & \vdots \\ a_{m1} & a_{m2} & \cdots & a_{mn} \end{bmatrix},\boldsymbol{x}=\begin{bmatrix} x_1 \\ x_2 \\ \vdots \\ x_n \end{bmatrix},\boldsymbol{b}=\begin{bmatrix} b_1 \\ b_2 \\ \vdots \\ b_m \end{bmatrix},$$

则线性方程组(4－1)可写作

$$\boldsymbol{Ax}=\boldsymbol{b} \tag{4-2}$$

其中：称 $m\times n$ 矩阵 $\boldsymbol{A}$ 为方程组(4－1)的系数矩阵，称 $m\times(n+1)$矩阵 $\boldsymbol{B}=(\boldsymbol{A},\boldsymbol{b})$为方程组(4－1)的增广矩阵.

(3) 向量式若矩阵 $\boldsymbol{A}$ 按列分块为 $\boldsymbol{A}=(\boldsymbol{\alpha}_1,\boldsymbol{\alpha}_2,\cdots,\boldsymbol{\alpha}_n)$，则线性方程组(4－1)亦可写作

$$x_1\boldsymbol{\alpha}_1+x_1\boldsymbol{\alpha}_2+\cdots+x_n\boldsymbol{\alpha}_n=\boldsymbol{b} \tag{4-3}$$

2. 线性方程组的分类

当 $\boldsymbol{b}=0$ 时，即 $b_1=b_2=\cdots=b_n=0$ 时，方程组称为齐次线性方程组.

当 $\boldsymbol{b}\neq 0$ 时，即 $b_1,b_2,\cdots,b_n$ 不全为 0 时，方程组称为非齐次线性方程组.

3. 线性方程组的解

(1) 解和通解

将 $x_1=\boldsymbol{\eta}_1,x_2=\boldsymbol{\eta}_2,\cdots,x_n=\boldsymbol{\eta}_n$ 代入线性方程组(4－1)中，使得(4－1)中 m 个方程均成为恒等式，则称 $x_1=\boldsymbol{\eta}_1,x_2=\boldsymbol{\eta}_2,\cdots,x_n=\boldsymbol{\eta}_n$ 为该方程组的一个解，并称向量 $\eta=(\boldsymbol{\eta}_1,\boldsymbol{\eta}_2,\cdots,\boldsymbol{\eta}_n)^{\mathrm{T}}$ 为方程组(4－1)的一个解向量，或称是方程组(4－1)的一个解.

称可表示线性方程组(4－1)的任意一个解的表达式为该方程组的通解.

(2) 有解的线性方程组被称为是相容的，否则称之为不相容.

(3) 若一个方程组的解都是另一个方程组的解，而另一个线性方程组的解也都是这个线性方程组的解，则称这两个线性方程组是同解方程组.

(4) 克拉默法则★★★

对于 n 个未知量 n 个方程的线性方程组 $\boldsymbol{Ax}=\boldsymbol{b}$，若 $|\boldsymbol{A}|\neq 0$，则该方程组有唯一解

$$x_j=\frac{D_j}{|\boldsymbol{A}|}.$$

其中，D_j 是以 b 代替 $|\boldsymbol{A}|$ 中的第 j 列所得到的行列式.

要点 2 线性方程组解的存在性定理★★★

1. 非齐次线性方程组解的存在性定理

(1) 非齐次线性方程组 $\boldsymbol{Ax}=\boldsymbol{b}$ 有解 $\Leftrightarrow R(\boldsymbol{A})=R(\boldsymbol{A},b)$.

(2) n 元线性方程组 $\boldsymbol{Ax}=\boldsymbol{b}$ 有无穷多解 $\Leftrightarrow R(\boldsymbol{A})=R(\boldsymbol{A},b)<n$.

(3) n 元线性方程组 $\boldsymbol{Ax}=\boldsymbol{b}$ 有唯一解 $\Leftrightarrow R(\boldsymbol{A})=R(\boldsymbol{A},b)=n$.

2. 齐次线性方程组解的存在性定理

(1) n 元齐次线性方程组 $\boldsymbol{Ax}=\boldsymbol{0}$ 有非零解 $\Leftrightarrow R(\boldsymbol{A})<n$.

(2) n 元齐次线性方程组 $\boldsymbol{Ax}=\boldsymbol{0}$ 只有零解 $\Leftrightarrow R(\boldsymbol{A})=n$.

(3) 若 $\boldsymbol{A}$ 为方阵，则有如下推论：

① n 元线性方程组 $\boldsymbol{Ax}=\boldsymbol{b}$ 有唯一解 $\Leftrightarrow|\boldsymbol{A}|\neq 0$.

② n 元齐次线性方程组 $\boldsymbol{Ax}=0$ 有非零解 $\Leftrightarrow|\boldsymbol{A}|=0$.

③ n 元齐次线性方程组 $\boldsymbol{Ax}=0$ 只有零解 $\Leftrightarrow|\boldsymbol{A}|\neq 0$.

【举例】

1. 问 λ 取何值时，齐次线性方程组

$$\begin{cases}(1-\lambda)x_1-2x_2+4x_3=0\\2x_1+(3-\lambda)x_2+x_3=0,\\x_1+\lambda x_2+(1-\lambda)x_3=0\end{cases}$$

有非零解？

2. 问 λ 取何值时，非齐次线性方程组

$$\begin{cases}(2-\lambda)x_1+2x_2-2x_3=1\\2x_1+(5-\lambda)x_2-4x_3=2\\-2x_1-4x_2+(5-\lambda)x_3=-\lambda-1\end{cases},$$

(1) 有唯一解；(2) 无解；(3) 有无穷多解？

3. 设非齐次线性方程组 $\boldsymbol{Ax}=\boldsymbol{b}$ 所对应的齐次线性方程组 $\boldsymbol{Ax}=0$，则下面结论中正确的是(　).

A. 若 $\boldsymbol{Ax}=\boldsymbol{0}$ 有唯一解，则 $\boldsymbol{Ax}=\boldsymbol{b}$ 必有唯一解

B. 若 $\boldsymbol{Ax}=\boldsymbol{0}$ 有唯一解，则 $\boldsymbol{Ax}=\boldsymbol{b}$ 必无解

C. 若 $\boldsymbol{Ax}=\boldsymbol{0}$ 有无穷多个解，则 $\boldsymbol{Ax}=\boldsymbol{b}$ 必有无穷多个解

D. 若 $\boldsymbol{Ax}=\boldsymbol{b}$ 有无穷多个解，则 $\boldsymbol{Ax}=\boldsymbol{0}$ 必有无穷多个解

【解析】

1. 解：

计算系数行列式 $|\boldsymbol{A}|=\begin{vmatrix}1-\lambda & -2 & 4\\ 2 & 3-\lambda & 1\\ 1 & 1 & 1-\lambda\end{vmatrix}=-\lambda(\lambda-2)(\lambda-3)$.

因为该方程有非零解，所以 $|\boldsymbol{A}|=0$，即 $\lambda=0,2,3$.

2. 解：

方法一　对增广矩阵 $\boldsymbol{B}$ 施行初等行变换

$$\boldsymbol{B}=\begin{bmatrix}2-\lambda & 2 & -2 & 1\\ 2 & 5-\lambda & -4 & 2\\ -2 & -4 & 5-\lambda & -\lambda-1\end{bmatrix}\xrightarrow[r_1+r_3]{r_1\leftrightarrow r_2}\begin{bmatrix}2 & 5-\lambda & -4 & 2\\ 2-\lambda & 2 & -2 & 1\\ 0 & 1-\lambda & 1-\lambda & 1-\lambda\end{bmatrix}.$$

当 $\lambda=1$ 时，

$$\boldsymbol{B}\to\begin{bmatrix}2 & 4 & -4 & 2\\ 1 & 2 & -2 & 1\\ 0 & 0 & 0 & 0\end{bmatrix}\xrightarrow{-\frac{1}{2}r_1+r_2}\begin{bmatrix}2 & 4 & -4 & 2\\ 0 & 0 & 0 & 0\\ 0 & 0 & 0 & 0\end{bmatrix},$$

$R(\boldsymbol{A})=R(\boldsymbol{B})=1<3$，从而有无穷多个解.

当 $\lambda\neq1$ 时，

$$\boldsymbol{B}\xrightarrow{r_3\times\frac{1}{1-\lambda}}\begin{bmatrix}2 & 5-\lambda & -4 & 2\\ 2-\lambda & 2 & -2 & 1\\ 0 & 1 & 1 & 1\end{bmatrix}\xrightarrow[r_2\leftrightarrow r_3]{-\frac{2-\lambda}{2}r_1+r_2}$$

$$\begin{bmatrix}2 & 5-\lambda & -4 & 2\\ 0 & 1 & 1 & 10\\ 0 & \frac{(6-\lambda)(\lambda-1)}{2} & 2(1-\lambda) & (\lambda-1)\end{bmatrix}\xrightarrow{r_3\times\frac{1}{\lambda-1}}$$

$$\begin{bmatrix}2 & 5-\lambda & -4 & 2\\ 0 & 1 & 1 & 1\\ 0 & \frac{6-\lambda}{2} & -2 & 1\end{bmatrix}\xrightarrow{\frac{\lambda-6}{2}r_2+r_3}\begin{bmatrix}2 & 5-\lambda & -4 & 2\\ 0 & 1 & 1 & 1\\ 0 & 0 & \frac{\lambda-10}{2} & \frac{\lambda-4}{2}\end{bmatrix},$$

故当 $\lambda\neq1$ 且 $\lambda\neq10$ 时，$R(\boldsymbol{A})=R(\boldsymbol{B})=3$ 有唯一解；

当 $\lambda=10$ 时，$R(\boldsymbol{A})=2<R(\boldsymbol{B})=3$，因而无解.

综上，$\lambda\neq1$ 且 $\lambda\neq10$ 时，有唯一解；$\lambda=10$ 时，无解；$\lambda=1$ 时，有无穷多个解.

方法二　计算得

$$|\boldsymbol{A}|=\begin{vmatrix}2-\lambda & 2 & -2\\ 2 & 5-\lambda & -4\\ -2 & -4 & 5-\lambda\end{vmatrix}=-(\lambda-1)^2(\lambda-10).$$

当 $|\boldsymbol{A}|\neq 0$ 时，即 $\lambda\neq 1$ 且 $\lambda\neq 10$ 时，有唯一解.

当 $\lambda=10$ 时，对增广矩阵 $\boldsymbol{B}$ 施行初等行变换：

$$\boldsymbol{B}=\begin{bmatrix}-8 & 2 & -2 & 1\\ 2 & -5 & -4 & 2\\ -2 & -4 & -5 & -11\end{bmatrix}\xlongequal[\substack{4r_1+r_2\\ r_1+r_3}]{r_1\leftrightarrow r_2}$$

$$\begin{bmatrix}2 & -5 & -4 & 2\\ 0 & -18 & -18 & 9\\ 0 & -9 & -9 & -9\end{bmatrix}\xlongequal[-2r_2+r_3]{r_2\leftrightarrow r_3}\begin{bmatrix}2 & -5 & -4 & 2\\ 0 & -9 & -9 & -9\\ 0 & 0 & 0 & 9\end{bmatrix},$$

此时，$R(\boldsymbol{A})<R(\boldsymbol{B})$，原方程组无解.

当 $\lambda=1$ 时，对增广矩阵 $\boldsymbol{B}$ 施行初等行变换：

$$\boldsymbol{B}=\begin{bmatrix}1 & 2 & -2 & 1\\ 2 & 4 & -4 & 2\\ -2 & -4 & 4 & -2\end{bmatrix}\xrightarrow[2r_1+r_3]{-2r_1\leftrightarrow r_2}\begin{bmatrix}1 & 2 & -2 & 1\\ 0 & 0 & 0 & 0\\ 0 & 0 & 0 & 0\end{bmatrix},$$

此时，$R(\boldsymbol{A})=R(\boldsymbol{B})=1<3$，原方程组有无穷多个解.

综上，$\lambda\neq 1$ 且 $\lambda\neq 10$ 时，有唯一解；$\lambda=10$ 时，无解；$\lambda=1$ 时，有无穷多个解.

3. 解：

$\boldsymbol{Ax}=\boldsymbol{0}$ 有唯一解（$R(\boldsymbol{A})=n$）或 $\boldsymbol{Ax}=\boldsymbol{0}$ 有无穷多个解（$R(\boldsymbol{A})<n$），这两种情况都无法确定 $R(\boldsymbol{A})$ 与 $R(\boldsymbol{A},\boldsymbol{b})$ 的关系，也即不能确定 $\boldsymbol{Ax}=\boldsymbol{b}$ 的解的情况，故排除 A,B,C.

$\boldsymbol{Ax}=\boldsymbol{b}$ 有无穷多个解，即 $R(\boldsymbol{A})=R(\boldsymbol{A},\boldsymbol{b})<n$，从而 $\boldsymbol{Ax}=\boldsymbol{0}$ 有非零解，故 D 正确.

因此，应选 D.

要点 3 线性方程组解的性质与结构★★★

1. 齐次线性方程组解的性质与结构

（1）齐次线性方程组解的性质

若向量 $\boldsymbol{\eta}_1,\boldsymbol{\eta}_2$ 是 $\boldsymbol{Ax}=\boldsymbol{0}$ 的解，则 $\boldsymbol{\eta}_1+\boldsymbol{\eta}_2$ 也是 $\boldsymbol{Ax}=\boldsymbol{0}$ 的解，且对任意常数 k，$k\boldsymbol{\eta}_1$ 也是 $\boldsymbol{Ax}=\boldsymbol{0}$ 的解.

（2）齐次线性方程组通解的结构

设线性无关的向量组 $\boldsymbol{\alpha}_1,\boldsymbol{\alpha}_2,\cdots,\boldsymbol{\alpha}_s$ 是 $\boldsymbol{Ax}=\boldsymbol{0}$ 的解，且能线性表示 $\boldsymbol{Ax}=\boldsymbol{0}$ 的所有解，则 $\boldsymbol{\alpha}_1,\boldsymbol{\alpha}_2,\cdots,\boldsymbol{\alpha}_s$ 是 $\boldsymbol{Ax}=\boldsymbol{0}$ 的一个基础解系，从而 $\boldsymbol{Ax}=\boldsymbol{0}$ 的通解为 $\boldsymbol{x}=k_1\boldsymbol{\alpha}_1+k_2\boldsymbol{\alpha}_2+\cdots+k_s\boldsymbol{\alpha}_s$，$k_1,k_2,\cdots,k_s\in R$. 基础解系中向量个数为 $n-R(\boldsymbol{A})$.

2. 非齐次线性方程组解的性质与结构

（1）齐次线性方程组解的性质

① 若 $\boldsymbol{\eta}_1,\boldsymbol{\eta}_2$ 是 $\boldsymbol{Ax}=\boldsymbol{b}$ 的解，则 $\boldsymbol{\eta}_1-\boldsymbol{\eta}_2$ 是 $\boldsymbol{Ax}=\boldsymbol{0}$ 的解.

② 若 $\boldsymbol{\eta}_1$ 是 $\boldsymbol{Ax}=\boldsymbol{b}$ 的解，$\boldsymbol{\eta}_2$ 是 $\boldsymbol{Ax}=\boldsymbol{0}$ 的解，则 $\boldsymbol{\eta}_1+\boldsymbol{\eta}_2$ 是 $\boldsymbol{Ax}=\boldsymbol{b}$ 的解.

③ 若 $\boldsymbol{\eta}_1,\boldsymbol{\eta}_2$ 是 $\boldsymbol{Ax}=\boldsymbol{b}$ 的解，且 $k_1+k_2=1$，$k_1,k_2\in R$，则 $k_1\boldsymbol{\eta}_1+k_2\boldsymbol{\eta}_2$ 是 $\boldsymbol{Ax}=\boldsymbol{b}$

的解.

（2）非齐次线性方程组通解的结构

若 $\boldsymbol{Ax}=\mathbf{0}$ 的通解为 $\boldsymbol{\eta}$，且 $\boldsymbol{Ax}=\boldsymbol{b}$ 有一解 $\boldsymbol{\eta}_0$，则 $\boldsymbol{Ax}=\boldsymbol{b}$ 的通解为 $\boldsymbol{x}=\boldsymbol{\eta}+\boldsymbol{\eta}_0$.

【举例】

1. 已知 $\boldsymbol{A}$ 是 4 阶矩阵，其秩 $R(\boldsymbol{A})=3$，$\boldsymbol{\alpha}_1,\boldsymbol{\alpha}_2,\boldsymbol{\alpha}_3$ 是非齐次线性方程组 $\boldsymbol{Ax}=\boldsymbol{b}$ 的三个不同的解向量，且 $\boldsymbol{\alpha}_1+2\boldsymbol{\alpha}_2+\boldsymbol{\alpha}_3=(2,4,6,8)^{\mathrm{T}}$，$\boldsymbol{\alpha}_1+2\boldsymbol{\alpha}_3=(1,3,5,7)^{\mathrm{T}}$，求方程组 $\boldsymbol{Ax}=\boldsymbol{b}$ 的通解.

2. 设 4 元非齐次线性方程组的系数矩阵的秩为 3，已知 $\boldsymbol{\eta}_1,\boldsymbol{\eta}_2,\boldsymbol{\eta}_3$ 是它的三个解向量，且 $\boldsymbol{\eta}_1=\begin{bmatrix}2\\3\\4\\5\end{bmatrix}$，$\boldsymbol{\eta}_2+\boldsymbol{\eta}_3=\begin{bmatrix}1\\2\\3\\4\end{bmatrix}$，求该方程组的通解.

3. 设 n 元线性方程组 $\boldsymbol{Ax}=\mathbf{0}$，$R(\boldsymbol{A})=n-3$，且 $\boldsymbol{\alpha}_1,\boldsymbol{\alpha}_2,\boldsymbol{\alpha}_3$ 为线性方程组 $\boldsymbol{Ax}=\mathbf{0}$ 的三个线性无关的解向量，则方程组 $\boldsymbol{Ax}=\mathbf{0}$ 的基础解系为（　）.

A. $\boldsymbol{\alpha}_1+\boldsymbol{\alpha}_2,\boldsymbol{\alpha}_2+\boldsymbol{\alpha}_3,\boldsymbol{\alpha}_3+\boldsymbol{\alpha}_1$　　B. $\boldsymbol{\alpha}_2-\boldsymbol{\alpha}_1,\boldsymbol{\alpha}_3-\boldsymbol{\alpha}_2,\boldsymbol{\alpha}_1-\boldsymbol{\alpha}_3$

C. $2\boldsymbol{\alpha}_2-\boldsymbol{\alpha}_1,\dfrac{1}{2}\boldsymbol{\alpha}_3-\boldsymbol{\alpha}_2,\boldsymbol{\alpha}_1-\boldsymbol{\alpha}_3$　　D. $\boldsymbol{\alpha}_1+\boldsymbol{\alpha}_2+\boldsymbol{\alpha}_3,\boldsymbol{\alpha}_3-\boldsymbol{\alpha}_2,-\boldsymbol{\alpha}_1-2\boldsymbol{\alpha}_3$

4. 设向量组 $\boldsymbol{\alpha}_1,\boldsymbol{\alpha}_2$ 是方程组 $\boldsymbol{Ax}=\mathbf{0}$ 的基础解系，$\boldsymbol{\beta}_1,\boldsymbol{\beta}_2$ 是方程组 $\boldsymbol{Ax}=\boldsymbol{b}$ 的两个解向量，k_1,k_2 是任意常数，则方程组 $\boldsymbol{Ax}=\boldsymbol{b}$ 的通解为（　）.

A. $\boldsymbol{x}=k_1\boldsymbol{\alpha}_1+k_2\boldsymbol{\alpha}_2+\dfrac{\boldsymbol{\beta}_1-\boldsymbol{\beta}_2}{2}$　　B. $\boldsymbol{x}=k_1\boldsymbol{\alpha}_1+k_2(\boldsymbol{\alpha}_1-\boldsymbol{\alpha}_2)+\dfrac{\boldsymbol{\beta}_1+\boldsymbol{\beta}_2}{2}$

C. $\boldsymbol{x}=k_1\boldsymbol{\alpha}_1+k_2(\boldsymbol{\beta}_1-\boldsymbol{\beta}_2)+\dfrac{\boldsymbol{\beta}_1+\boldsymbol{\beta}_2}{2}$　　D. $\boldsymbol{x}=k_1\boldsymbol{\alpha}_1+k_2(\boldsymbol{\alpha}_1+\boldsymbol{\alpha}_2)+\dfrac{\boldsymbol{\beta}_1-\boldsymbol{\beta}_2}{2}$

【解析】

1. 解：

$$记\begin{cases}\boldsymbol{\eta}_0=(\boldsymbol{\alpha}_1+2\boldsymbol{\alpha}_2+\boldsymbol{\alpha}_3)-(\boldsymbol{\alpha}_1+2\boldsymbol{\alpha}_3)\\ \boldsymbol{\eta}_1=\dfrac{1}{2}[2(\boldsymbol{\alpha}_1+2\boldsymbol{\alpha}_3)-(\boldsymbol{\alpha}_1+2\boldsymbol{\alpha}_2+\boldsymbol{\alpha}_3)]\end{cases}，则\begin{cases}\boldsymbol{\eta}_0=(1,1,1,1)^{\mathrm{T}}\\ \boldsymbol{\eta}_1=(0,1,2,3)^{\mathrm{T}}\end{cases}.$$

因为 $\boldsymbol{\alpha}_1,\boldsymbol{\alpha}_2,\boldsymbol{\alpha}_3$ 是非齐次线性方程组 $A\boldsymbol{x}=\boldsymbol{b}$ 的 3 个解向量，所以

$$\begin{cases}\boldsymbol{A\eta}_0=(\boldsymbol{b}+2\boldsymbol{b}+\boldsymbol{b})-(\boldsymbol{b}+2\boldsymbol{b})=\boldsymbol{b}\\ \boldsymbol{A\eta}_1=\dfrac{1}{2}[2(\boldsymbol{b}+2\boldsymbol{b})-(\boldsymbol{b}+2\boldsymbol{b}+\boldsymbol{b})]=\boldsymbol{b}\end{cases},$$

故 $\boldsymbol{\eta}_0,\boldsymbol{\eta}_1$ 是该非齐次线性方程组的解向量.

因为 $n-R(\boldsymbol{A})-4-3-1$，所以对应的齐次线性方程组的基础解系只含 1 个解向量. 记 $\xi=\boldsymbol{\eta}_1-\boldsymbol{\eta}_0=(-1,0,1,2)^{\mathrm{T}}$，则 $\boldsymbol{\xi}$ 是对应的齐次线性方程组的一个非零解，因而可以构成一个基础解系.

因此，$\boldsymbol{Ax}=\boldsymbol{b}$ 的通解为

$$x=k\boldsymbol{\xi}+\boldsymbol{\eta}_0=k\begin{bmatrix}-1\\0\\1\\2\end{bmatrix}+\begin{bmatrix}1\\1\\1\\1\end{bmatrix},k\text{ 为任意常数.}$$

2. 解：

因为 $n-R(\boldsymbol{A})=4-3=1$，所以基础解系只含有 1 个解向量.

而 $\boldsymbol{\xi}=2\boldsymbol{\eta}_1-(\boldsymbol{\eta}_2+\boldsymbol{\eta}_3)=(3,4,5,6)^{\mathrm{T}}$ 是对应的齐次线性方程组的一个非零解，构成一个基础解系，故原方程组的通解为

$$x=k\boldsymbol{\xi}+\boldsymbol{\eta}_1=k\begin{bmatrix}3\\4\\5\\6\end{bmatrix}+\begin{bmatrix}2\\3\\4\\5\end{bmatrix},k\text{ 为任意非零常数.}$$

3. 解：

因为 $R(\boldsymbol{A})=n-3$，所以 $\boldsymbol{Ax}=0$ 的基础解系含有三个解向量. 又 $\boldsymbol{\alpha}_1,\boldsymbol{\alpha}_2,\boldsymbol{\alpha}_3$ 是 $\boldsymbol{Ax}=0$ 的三个线性无关的解向量，由解的性质可知，选项中的全部向量都是 $\boldsymbol{Ax}=\boldsymbol{0}$ 的解向量.

显然，选项 A 中向量组线性无关，故其为 $\boldsymbol{Ax}=\boldsymbol{0}$ 的基础解系.

对于选项 B，由于 $(\boldsymbol{\alpha}_2-\boldsymbol{\alpha}_1)+(\boldsymbol{\alpha}_3-\boldsymbol{\alpha}_2)+(\boldsymbol{\alpha}_1-\boldsymbol{\alpha}_3)=\boldsymbol{0}$，故 $\boldsymbol{\alpha}_1-\boldsymbol{\alpha}_2,\boldsymbol{\alpha}_3-\boldsymbol{\alpha}_2,\boldsymbol{\alpha}_1-\boldsymbol{\alpha}_3$ 线性相关.

对于选项 C，由于 $(2\boldsymbol{\alpha}_2-\boldsymbol{\alpha}_1)+2(\frac{1}{2}\boldsymbol{\alpha}_3-\boldsymbol{\alpha}_2)+(\boldsymbol{\alpha}_1-\boldsymbol{\alpha}_3)=0$，故 $2\boldsymbol{\alpha}_2-\boldsymbol{\alpha}_1,\frac{1}{2}\boldsymbol{\alpha}_3-\boldsymbol{\alpha}_2,\boldsymbol{\alpha}_1-\boldsymbol{\alpha}_3$ 线性相关.

对于选项 D，由于 $(\boldsymbol{\alpha}_1+\boldsymbol{\alpha}_2+\boldsymbol{\alpha}_3)+(\boldsymbol{\alpha}_3-\boldsymbol{\alpha}_2)+(-\boldsymbol{\alpha}_1-2\boldsymbol{\alpha}_3)=\boldsymbol{0}$，故 $\boldsymbol{\alpha}_1+\boldsymbol{\alpha}_2+\boldsymbol{\alpha}_3,\boldsymbol{\alpha}_3-\boldsymbol{\alpha}_2,-\boldsymbol{\alpha}_1-2\boldsymbol{\alpha}_3$ 线性相关.

综上，B、C、D 选项中的向量组均不是 $\boldsymbol{Ax}=\boldsymbol{0}$ 的基础解系.

因此，应选 A.

4. 解：

由解的性质可知 $\frac{\boldsymbol{\beta}_1-\boldsymbol{\beta}_2}{2}$ 不是 $\boldsymbol{Ax}=\boldsymbol{b}$ 的解，而是 $\boldsymbol{Ax}=\boldsymbol{0}$ 的解，故排除选项 A、D.

由于 $\boldsymbol{\beta}_1-\boldsymbol{\beta}_2$ 是 $\boldsymbol{Ax}=\boldsymbol{0}$ 但与 $\boldsymbol{\alpha}_1$ 未必线性无关，故排除选项 C.

对于选项 B，由于 $\boldsymbol{\alpha}_1$ 与 $\boldsymbol{\alpha}_1-\boldsymbol{\alpha}_2$ 线性无关，且均为 $\boldsymbol{Ax}=\boldsymbol{0}$ 的解，且 $\frac{\boldsymbol{\beta}_1+\boldsymbol{\beta}_2}{2}$ 是 $\boldsymbol{Ax}=\boldsymbol{b}$ 的解，所以 $\boldsymbol{x}=k_1\boldsymbol{\alpha}_1+k_2(\boldsymbol{\alpha}_1-\boldsymbol{\alpha}_2)+\frac{\boldsymbol{\beta}_1+\boldsymbol{\beta}_2}{2}$ 是 $\boldsymbol{Ax}=\boldsymbol{b}$ 的通解.

因此，应选 B.

要点 4　求解线性方程组的方法★★★

1．求解齐次线性方程组 $\boldsymbol{Ax}=\boldsymbol{0}$ 的方法

（1）$\boldsymbol{A}\xrightarrow{\text{初等行变换}}$ 行最简形（$\xrightarrow{\text{换法列变换}}$ 标准形：

$$\begin{bmatrix} 1 & & & c_{1,r+1} & c_{1,r+2} & \cdots & c_{1,n} \\ & 1 & & c_{2,r+1} & c_{2,r+2} & \cdots & c_{2,n} \\ & & \ddots & \vdots & \vdots & & \vdots \\ & & 1 & c_{r,r+1} & c_{r,r+2} & \cdots & c_{r,n} \\ & & & & & & \\ & & & & & & \end{bmatrix}$$

）．

行最简形中每行首非零元 1，未必在对角线上，其对应的未知量由其所在列确定．为了便于观察和讨论，可通过换法列变换将每行首非零元 1 交换至对角线上，画出标准形．这样对应的未知量 $x_1,x_2,\cdots,x_n$ 的实际次序排列为 $x'_1,x'_2,\cdots,x'_r,x'_{r+1},\cdots,x'_n$．在实际求线性方程组的过程中不必这样做．

（2）确定基础解系

由行最简形可看出 $R(\boldsymbol{A})=r$，即基础解系含有个 $n-r$ 解向量．确定所有每行首非零元所在 r 列，其之外的 $n-r$ 列对应的 $n-r$ 个未知量 $x'_{r+1},x'_{r+2},\cdots,x'_{r+n}$ 为自由未知量．

令 $\begin{bmatrix} x'_{r+1} \\ x'_{r+2} \\ \vdots \\ x'_{r+n} \end{bmatrix}=\begin{bmatrix} 1 \\ 0 \\ \vdots \\ 0 \end{bmatrix},\begin{bmatrix} 0 \\ 1 \\ \vdots \\ 0 \end{bmatrix},\cdots,\begin{bmatrix} 0 \\ 0 \\ \vdots \\ 1 \end{bmatrix}$，得

$$\begin{bmatrix} x'_1 \\ x'_2 \\ \vdots \\ x'_r \\ x'_{r+1} \\ x'_{r+2} \\ \vdots \\ x'_n \end{bmatrix}=\begin{bmatrix} -c_{1,r+1} \\ -c_{2,r+1} \\ \vdots \\ -c_{r,r+1} \\ 1 \\ 0 \\ \vdots \\ 0 \end{bmatrix},\begin{bmatrix} -c_{1,r+2} \\ -c_{2,r+2} \\ \vdots \\ -c_{r,r+2} \\ 0 \\ 1 \\ \vdots \\ 0 \end{bmatrix},\cdots,\begin{bmatrix} -c_{1,n} \\ -c_{2,n} \\ \vdots \\ -c_{r,n} \\ 0 \\ 0 \\ \vdots \\ 1 \end{bmatrix}.$$

令上面求得的解向量分别为 $\boldsymbol{\eta}_1,\boldsymbol{\eta}_2,\cdots,\boldsymbol{\eta}_{n-r}$，则其为基础解系．

（3）$\boldsymbol{Ax}=\boldsymbol{0}$ 的通解 $\boldsymbol{x}=k_1\boldsymbol{\eta}_1+k_2\boldsymbol{\eta}_2+\cdots+k_{n-r}\boldsymbol{\eta}_{n-r},k_1,k_2,\cdots,k_{n-r}\in\boldsymbol{R}$．

2. 求解非齐次线性方程组 $Ax=b$ 的方法

(1) $\boldsymbol{B}=(\boldsymbol{A},\boldsymbol{b})\xrightarrow{\text{初等行变换}}$行最简形$\Big(\xrightarrow[\text{仅前 }n\text{ 列}]{\text{换法列变换}}$

$$\begin{bmatrix} 1 & & & & c_{1,r+1} & c_{1,r+2} & \cdots & c_{1,n} & d_1 \\ & 1 & & & c_{2,r+1} & c_{2,r+2} & \cdots & c_{2,n} & d_2 \\ & & \ddots & & \vdots & \vdots & & \vdots & \vdots \\ & & & 1 & c_{r,r+1} & c_{r,r+2} & \cdots & c_{r,n} & d_r \\ & & & & & & & & d_{r+1} \\ & & & & & & & & \end{bmatrix}\Big).$$

(2) 若 $d_{r+1}=1$，即 $R(\boldsymbol{A})<R(\boldsymbol{A},\boldsymbol{b})$，则方程组无解；若 $d_{r+1}=0$，即 $R(\boldsymbol{A})=R(\boldsymbol{A},\boldsymbol{b})$，则方程组有解.

在方程组有解的情况下，进入下列步骤。

(3) 求出 $\boldsymbol{Ax}=\boldsymbol{0}$ 的基础解系 $\boldsymbol{\eta}_1,\boldsymbol{\eta}_2,\cdots,\boldsymbol{\eta}_{n-r}$.

(4) 求出 $\boldsymbol{Ax}=\boldsymbol{b}$ 的一个特解.

令 $(x'_{r+1},x'_{r+2},\cdots,x'_n)^{\mathrm{T}}=(0,0,\cdots,0)^{\mathrm{T}}$，得 $\boldsymbol{Ax}=\boldsymbol{b}$ 的一个特解

$$\boldsymbol{\eta}_0=(x'_1,x'_2,\cdots,x'_r,x'_{r+1},\cdots,x'_n)^{\mathrm{T}}=(d_1,d_2,\cdots,d_r,0,0,\cdots,0)^{\mathrm{T}}.$$

(5) 得到 $\boldsymbol{Ax}=\boldsymbol{b}$ 的通解

$$\boldsymbol{x}=k_1\boldsymbol{\eta}_1+k_2\boldsymbol{\eta}_2+\cdots+k_{n-r}\boldsymbol{\eta}_{n-r}+\boldsymbol{\eta}_0,k_1,k_2,\cdots,k_{n-r}\in\boldsymbol{R}.$$

【举例】

1. 求一个齐次线性方程组，使它的基础解系为

$$\boldsymbol{\xi}_1=(0,1,2,3)^{\mathrm{T}},\quad \boldsymbol{\xi}_2=(3,2,1,0)^{\mathrm{T}}.$$

2. 设有 4 元线性方程组 Ⅰ：$\begin{cases}2x_1+3x_2-x_3=0\\ x_1+2x_2+x_3-x_4=0\end{cases}$，又已知 4 元线性方程组 Ⅱ 的一个基础解系为 $\boldsymbol{\eta}_1=\begin{bmatrix}2\\-1\\a+2\\1\end{bmatrix}$，$\boldsymbol{\eta}_2=\begin{bmatrix}-1\\2\\4\\a+8\end{bmatrix}$.

(1) 求方程组 Ⅰ 的一个基础解系；

(2) 问 a 为何值时，方程组 Ⅰ 与 Ⅱ 有非零公共解？当有非零公共解时，求出全部非零公共解.

3. 已知下列非齐次线性方程组：

$$\text{Ⅰ}:\begin{cases}x_1+2x_2+3x_3+5x_4=-9\\ x_1-x_2-x_3=8\\ -x_1+x_2-x_3+2x_4=-4\end{cases},$$

$$\text{Ⅱ}:\begin{cases}ax_1-x_2-x_3+2x_4=11\\ \quad 2x_2-bx_3+7x_4=-4\\ \quad\quad x_3-x_4=1-c\end{cases}.$$

(1) 求出方程组Ⅰ的通解；

(2) 问方程组Ⅱ中的参数 a,b,c 为何值时，方程组Ⅰ与Ⅱ同解.

4. 设 4 元线性方程组Ⅰ：$\begin{cases}x_1+x_2=0\\x_2-x_4=0\end{cases}$，又已知齐次线性方程组Ⅱ的通解为 $\boldsymbol{x}=k_1\begin{bmatrix}0\\1\\1\\0\end{bmatrix}+k_2\begin{bmatrix}-1\\2\\2\\1\end{bmatrix}$，问线性方程组Ⅰ与Ⅱ是否有非零公共解？若有，求出非零公共解；若没有，说明理由.

【解析】

1. 解：

取 x_1,x_4 为自由未知量，则基础解系为

$$\boldsymbol{\xi}_1=(0,1,2,3)^{\mathrm{T}}=3\left(0,\frac{1}{3},\frac{2}{3},1\right)^{\mathrm{T}},$$

$$\boldsymbol{\xi}_2=(3,2,1,0)^{\mathrm{T}}=3\left(1,\frac{2}{3},\frac{1}{3},0\right)^{\mathrm{T}}$$

的齐次线性方程组同解于

$$\begin{cases}x_2=\dfrac{2}{3}x_1+\dfrac{1}{3}x_4\\[2mm] x_3=\dfrac{1}{3}x_1+\dfrac{2}{3}x_4\end{cases},$$

所以所求齐次线性方程组可以是

$$\begin{cases}2x_1-3x_2\quad\quad +x_4=0\\ x_1\quad\quad -3x_3+2x_4=0\end{cases}.$$

2. 解：

(1) 利用初等行变换将 $\boldsymbol{A}$ 化成最简形矩阵，

$$\boldsymbol{A}=\begin{bmatrix}2&3&-1&0\\1&2&1&-1\end{bmatrix}\to\begin{bmatrix}1&0&-5&3\\0&1&3&-2\end{bmatrix}.$$

因此，$R(\boldsymbol{A})=2$，故 $n-R(\boldsymbol{A})=4-2=2$，因而对应的齐次线性方程组的基础解系只含 2 个解向量. 不妨设 x_3,x_4 为自由未知量，同解方程组为 $\begin{cases}x_1=-5x_3-3x_4\\x_2=-3x_3+2x_4\end{cases}$.

令 $\begin{bmatrix}x_3\\x_4\end{bmatrix}=\begin{bmatrix}1\\0\end{bmatrix},\begin{bmatrix}0\\1\end{bmatrix}$，分别解得

$$\begin{bmatrix}x_1\\x_2\end{bmatrix}=\begin{bmatrix}5\\-3\end{bmatrix},\begin{bmatrix}-3\\2\end{bmatrix},$$

故得到Ⅰ的一个基础解系

$$\boldsymbol{\xi}_1=\begin{bmatrix}5\\-3\\1\\0\end{bmatrix},\boldsymbol{\xi}_2=\begin{bmatrix}-3\\2\\0\\1\end{bmatrix}.$$

(2) 方法一　公共方程组法

设 $\boldsymbol{\alpha}_1=2\boldsymbol{\eta}_1+\boldsymbol{\eta}_2=\begin{bmatrix}3\\0\\2a+8\\a+10\end{bmatrix}$， $\boldsymbol{\alpha}_2=\boldsymbol{\eta}_1+2\boldsymbol{\eta}_2=\begin{bmatrix}0\\3\\a+10\\2a+17\end{bmatrix}$，由 $\boldsymbol{\eta}_1,\boldsymbol{\eta}_2$ 是方程组Ⅱ的基础解系知，$\boldsymbol{\alpha}_1,\boldsymbol{\alpha}_2$ 是方程组Ⅱ的解向量，且 $\boldsymbol{\alpha}_1,\boldsymbol{\alpha}_2$ 线性无关，因此也构成方程组Ⅱ的一个基础解系.

取 x_1,x_2 为自由未知量，得到方程组Ⅱ的同解方程组

$$\begin{cases}x_3=\dfrac{2a+8}{3}x_1+\dfrac{a+10}{3}x_2\\x_4=\dfrac{a+10}{3}x_1+\dfrac{2a+17}{3}x_2\end{cases},$$

即

$$\begin{cases}(2a+8)x_1+1(a+10)x_2-3x_3=0\\(a+10)x_1+(2a+17)x_2-3x_4=0\end{cases},$$

考虑方程组Ⅰ与Ⅱ联立的齐次线性方程组

$$\begin{cases}2x_1+3x_2-x_3=0\\x_1+2x_2+x_3-x_4=0\\(2a+8)x_1+)(a+10)x_2-3x_3=0\\(a+10)x_1+(2a+17)x_2-3x_4=0\end{cases},$$

其解若存在即为线性方程组Ⅰ与Ⅱ的公共解.

利用初等行变换化系数矩阵成行最简形矩阵：

$$\boldsymbol{A}=\begin{bmatrix}2&3&-1&0\\1&2&1&-1\\2a+8&a+10&-3&0\\a+10&2a+17&0&-3\end{bmatrix}\xrightarrow[r_2\times(-1)]{\substack{-2r_2+r_1\\r_1\leftrightarrow r_2}}$$

$$\begin{bmatrix}1&2&1&-1\\0&1&3&-2\\2a+8&a+10&-3&0\\a+10&2a+17&0&-3\end{bmatrix}\xrightarrow[-(a+10)r_1+r_4]{(2a+8)r_1+r_3}$$

$$\begin{bmatrix}1 & 2 & 1 & -1\\0 & 1 & 3 & -2\\0 & -3a-6 & -2a-11 & 2a+8\\0 & -3 & -a-10 & a+7\end{bmatrix}\xrightarrow[3r_2+r_4]{(3a+6)r_2+r_3}$$

$$\begin{bmatrix}1 & 2 & 1 & -1\\0 & 1 & 3 & -2\\0 & 0 & 7a+7 & -4a-4\\0 & 0 & -a-1 & a+1\end{bmatrix}\xrightarrow[r_4\times\frac{1}{3}]{\substack{r_3\leftrightarrow r_4\\7r_3+r_4}}$$

$$\begin{bmatrix}1 & 2 & 1 & -1\\0 & 1 & 3 & -2\\0 & 0 & -a-1 & a+1\\0 & 0 & 0 & a+1\end{bmatrix}\xrightarrow{-2r_2+r_1}\begin{bmatrix}1 & 0 & -5 & 3\\0 & 1 & 3 & -2\\0 & 0 & -a-1 & a+1\\0 & 0 & 0 & a+1\end{bmatrix}.$$

当 $a\neq-1$ 时，$R(\boldsymbol{A})=4$ 仅有零解，排除.

当 $a=-1$，$R(\boldsymbol{A})=2$，$n-R(\boldsymbol{A})=4-2=2$，因而联立方程组的基础解系含 2 个解向量. 取 x_3,x_4 为自由未知量，同解方程组为

$$\begin{cases}x_1=x_3-x_4\\x_2=-3x_3+2x_4\end{cases},$$

令 $\begin{bmatrix}x_3\\x_4\end{bmatrix}=\begin{bmatrix}1\\1\end{bmatrix},\begin{bmatrix}4\\7\end{bmatrix}$，分别解得

$$\begin{bmatrix}x_1\\x_2\end{bmatrix}=\begin{bmatrix}2\\-1\end{bmatrix},\begin{bmatrix}-1\\2\end{bmatrix},$$

从而得到一个基础解系

$$\boldsymbol{\eta}_1-\begin{bmatrix}2\\-1\\1\\1\end{bmatrix},\quad\boldsymbol{\eta}_2=\begin{bmatrix}-1\\2\\4\\7\end{bmatrix},$$

即为Ⅱ的基础解系.

因而线性方程组Ⅰ与Ⅱ的非零公共解为

$$\boldsymbol{x}=k_1\boldsymbol{\eta}_1+k_2\boldsymbol{\eta}_2=k_1\begin{bmatrix}2\\-1\\1\\1\end{bmatrix}+k_2\begin{bmatrix}-1\\2\\4\\7\end{bmatrix},k_1,k_2\text{ 为不同时为零的任意常数.}$$

方法二 解的线性表示法

$\boldsymbol{\xi}_1,\boldsymbol{\xi}_2$ 是齐次线性方程组Ⅰ的基础解系，$\boldsymbol{\eta}_1,\boldsymbol{\eta}_2$ 是齐次线性方程组Ⅱ的基础解系. 设方程组Ⅰ与Ⅱ有非零公共解 α，则

$$\boldsymbol{\alpha}=\lambda_1\boldsymbol{\xi}_1+\lambda_2\boldsymbol{\xi}_2=-\lambda_3\boldsymbol{\eta}_1-\lambda_4\boldsymbol{\eta}_2,$$

即

$$\lambda_1\boldsymbol{\xi}_1+\lambda_2\boldsymbol{\xi}_2+\lambda_3\boldsymbol{\eta}_1+\lambda_4\boldsymbol{\eta}_2=0,$$

其中,λ_1,λ_2 不全为零,且 λ_3,λ_4 也不全为零.

因此,$\boldsymbol{\xi}_1,\boldsymbol{\xi}_2,\boldsymbol{\eta}_1,\boldsymbol{\eta}_2$ 线性相关.

利用初等行变换化矩阵成最简形矩阵:

$$(\boldsymbol{\xi}_1,\boldsymbol{\xi}_2,\boldsymbol{\eta}_1,\boldsymbol{\eta}_2)=\begin{bmatrix}5&-3&2&-1\\-3&2&-1&2\\1&0&a+2&4\\0&1&1&a+8\end{bmatrix}\xrightarrow[\substack{-r_2+r_1\\r_2+r_3\\r_2+r_4\\r_2\times(-1)}]{\substack{2r_2+r_1\\r_1+r_3\\r_1\times(-1)\\3r_1+r_2}}\begin{bmatrix}1&0&1&4\\0&1&1&7\\0&0&a+1&0\\0&0&0&a+1\end{bmatrix}.$$

当 $a\neq-1$ 时,$\boldsymbol{\xi}_1,\boldsymbol{\xi}_2,\boldsymbol{\eta}_1,\boldsymbol{\eta}_2$ 线性无关,排除.

当 $a=-1$,从而 $R(\boldsymbol{\xi}_1,\boldsymbol{\xi}_2,\boldsymbol{\eta}_1,\boldsymbol{\eta}_2)=2$,此时$(\boldsymbol{\xi}_1,\boldsymbol{\xi}_2,\boldsymbol{\eta}_1,\boldsymbol{\eta}_2)=\begin{bmatrix}1&0&1&4\\0&1&1&7\\0&0&0&0\\0&0&0&0\end{bmatrix}$,故 $\boldsymbol{\xi}_1$,$\boldsymbol{\xi}_2,\boldsymbol{\eta}_1,\boldsymbol{\eta}_2$ 中的任意两个都构成极大无关组,从而线性方程组Ⅰ与Ⅱ的非零公共解

$$\boldsymbol{x}=k_1\boldsymbol{\eta}_1+k_2\boldsymbol{\eta}_2=k_1\begin{bmatrix}2\\-1\\1\\1\end{bmatrix}+k_2\begin{bmatrix}-1\\2\\4\\7\end{bmatrix},k_1,k_2\text{ 为不全为零的任意常数.}$$

3. 解:

(1) 利用初等行变换增广矩阵化成最简形矩阵:

$$\begin{bmatrix}1&2&3&5&-9\\1&-1&-1&0&8\\-1&1&-1&2&-4\end{bmatrix}\xrightarrow[r_1+r_3]{-r_1+r_2}\begin{bmatrix}1&2&3&5&-9\\0&-3&-4&-5&17\\0&3&2&7&13\end{bmatrix}\xrightarrow{r_2+r_3}$$

$$\begin{bmatrix}1&2&3&5&-9\\0&-3&-4&-5&17\\0&0&-2&2&4\end{bmatrix}\xrightarrow[r_3\times\left(-\frac{1}{2}\right)]{r_2\times(-1)}\begin{bmatrix}1&2&3&5&-9\\0&3&4&5&-17\\0&0&1&-1&-2\end{bmatrix}\xrightarrow[-3r_3+r_1]{-4r_3+r_2}$$

$$\begin{bmatrix}1&2&0&8&-3\\0&3&0&9&-9\\0&0&1&-1&-2\end{bmatrix}\xrightarrow[-2r_2+r_1]{r_2\times\frac{1}{3}}\begin{bmatrix}1&0&0&2&3\\0&1&0&3&-3\\0&0&1&-1&-2\end{bmatrix},$$

因为 $R(\mathbf{A})=3,n-R(\mathbf{A})=4-3=1$,所以对应的齐次线性方程组的基础解系含有 1 个解向量.此时,齐次线性方程组同解方程组为

$$\begin{cases}x_1=-2x_4+3\\x_2=-3x_4-3.\\x_3=\quad x_4-2\end{cases}$$

令 $x_4=0$,得 $x_1=3,x_2=-3,x_3=-2$,即得到非齐次线性方程组的一个解向量 $\boldsymbol{\eta}_0=(3,-3,-2,0)^{\mathrm{T}}$.

取 x_4 为自由未知量，对应的齐次线性方程组的同解方程组为

$$\begin{cases} x_1 = -2x_4 \\ x_2 = -3x_4. \\ x_3 = \quad x_4 \end{cases}$$

令 $x_4=1$，得 $x_1=-2,x_2=-3,x_3=1$，即得到对应的齐次线性方程组的一个解向量 $\boldsymbol{\xi}=(-2,-3,1,1)^{\mathrm{T}}$.

从而Ⅰ的通解为

$$\boldsymbol{x}=k\boldsymbol{\xi}+\boldsymbol{\eta}_0=k\begin{bmatrix}-2\\-3\\1\\1\end{bmatrix}+\begin{bmatrix}3\\-3\\-2\\0\end{bmatrix}, k \text{ 为任意常数.}$$

(2) 联立Ⅰ、Ⅱ构成新方程组，利用初等行变换将新增广矩阵化成最简形矩阵：

$$\boldsymbol{B}'=\begin{bmatrix}1&2&3&5&-9\\1&-1&-1&0&8\\-1&1&-1&2&-4\\a&-1&-1&2&11\\0&2&-b&7&-4\\0&0&1&-1&1-c\end{bmatrix}\xrightarrow[\substack{-r_1+r_2\\r_1+r_3\\-r_1+r_4}]{r_1\leftrightarrow r_2}$$

$$\begin{bmatrix}1&-1&-1&0&8\\0&3&4&5&-17\\0&0&-2&2&4\\a-1&0&0&2&3\\0&2&-b&7&-4\\0&0&1&-1&1-c\end{bmatrix}\xrightarrow[\substack{-4r_3+r_2\\-r_3+r_6}]{r_3\times\left(-\frac{1}{2}\right)}$$

$$\begin{bmatrix}1&-1&-1&0&8\\0&3&0&9&-9\\0&0&1&-1&-2\\a-1&0&0&2&3\\0&2&-b&7&-4\\0&0&0&0&3-c\end{bmatrix}\xrightarrow[\substack{r_2+r_1\\r_3+r_1\\-r_1+r_4\\-2r_2+r_5\\r_3+r_5}]{r_2\times\left(-\frac{1}{3}\right)}$$

$$\begin{bmatrix}1&0&0&2&3\\0&1&0&3&-3\\0&0&1&-1&-2\\a-1&0&0&0&0\\0&0&1-b&0&0\\0&0&0&0&3-c\end{bmatrix},$$

当 $R(\boldsymbol{B}')=R(\boldsymbol{A})$ 时，方程组Ⅰ与Ⅱ同解.

由于 $R(\boldsymbol{A})=3$，故当 $a=2,b=1,c=3$ 时，方程组Ⅰ与Ⅱ同解.

4. 解：

注意到 $\boldsymbol{\xi}_1=(0,1,1,0)^{\mathrm{T}},\boldsymbol{\xi}_2=(-1,2,2,1)^{\mathrm{T}}$ 是齐次线性方程组Ⅱ的一个基础解系，故 $\boldsymbol{\xi}_3=(\boldsymbol{\xi}_2-2\boldsymbol{\xi}_1)=(-1,0,0,1)^{\mathrm{T}}$ 也是齐次线性方程组Ⅱ的解.

由 $\boldsymbol{\xi}_1,\boldsymbol{\xi}_3$ 线性无关知，其也是Ⅱ的一个基础解系.

取 x_3,x_4 为自由未知量，得Ⅱ的同解方程组为

$$\begin{cases}x_1=-x_4\\ x_2=x_3\end{cases}，即\begin{cases}x_1+x_4=0\\ x_2-x_3=0\end{cases}.$$

联立得 $\begin{cases}x_1+x_2=0\\ x_2-x_4=0\\ x_1+x_4=0\\ x_2-x_3=0\end{cases}$，其解若存在，即为线性方程组Ⅰ与Ⅱ的公共解.

利用初等行变换化系数矩阵为最简形矩阵

$$\begin{bmatrix}1&1&0&0\\0&1&0&-1\\1&0&0&1\\0&1&-1&0\end{bmatrix}\to\begin{bmatrix}1&0&0&1\\0&1&0&-1\\0&0&1&-1\\0&0&0&0\end{bmatrix}.$$

因为 $R(\boldsymbol{A})=3,n-R(\boldsymbol{A})=4-3=1$，所以基础解系只含有 1 个解向量.

取 x_4 为自由未知量，则同解方程组为

$$\begin{cases}x_1=-x_4\\ x_2=x_4\\ x_3=x_4\end{cases},$$

令 $x_4=1$，解得 $x_1=-1,x_2=1,x_3=1$，即得到一个基础解系

$$\boldsymbol{\xi}=k(-1,1,1,1)^{\mathrm{T}},k\text{ 为任意常数},$$

因而线性方程组Ⅰ与Ⅱ的非零公共解为

$$\boldsymbol{x}=k\begin{bmatrix}-1\\1\\1\\1\end{bmatrix},k\text{ 为任意非零常数}.$$

§2 向量组的线性相关性

要点1 向量组与线性组合★

定 义

(1) 一组同维行(列)向量 $\boldsymbol{\alpha}_1,\boldsymbol{\alpha}_2,\cdots,\boldsymbol{\alpha}_n$，构成一个行(列)向量组.

(2) 对于向量组 $\boldsymbol{\alpha}_1,\boldsymbol{\alpha}_2,\cdots,\boldsymbol{\alpha}_n$，任意常数 $x_1,x_2,\cdots,x_n$，称

$$x_1\boldsymbol{\alpha}_1+x_2\boldsymbol{\alpha}_2+\cdots+x_n\boldsymbol{\alpha}_n$$

为 $\boldsymbol{\alpha}_1,\boldsymbol{\alpha}_2,\cdots,\boldsymbol{\alpha}_n$ 的一个线性组合.

(3) 若向量 $\boldsymbol{\beta}$ 能等于向量组 A：$\boldsymbol{\alpha}_1,\boldsymbol{\alpha}_2,\cdots,\boldsymbol{\alpha}_n$ 的一个线性组合，即

$$\boldsymbol{\beta}=x_1\boldsymbol{\alpha}_1+x_2\boldsymbol{\alpha}_2+\cdots+x_n\boldsymbol{\alpha}_n,$$

则称向量 $\boldsymbol{\beta}$ 能由向量组 A：$\boldsymbol{\alpha}_1,\boldsymbol{\alpha}_2,\cdots,\boldsymbol{\alpha}_n$ 线性表示，或向量组 A：$\boldsymbol{\alpha}_1,\boldsymbol{\alpha}_2,\cdots,\boldsymbol{\alpha}_n$ 能线性表示向量 $\boldsymbol{\beta}$. ★★

以例明理

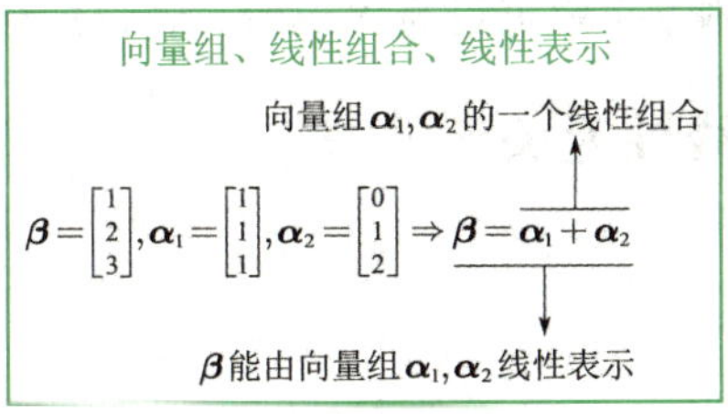

要点 2　向量组的线性表示★★

1. 定　义

(1) 若向量组 B：$\boldsymbol{\beta}_1,\boldsymbol{\beta}_2,\cdots,\boldsymbol{\beta}_t$ 中的任一向量都能由向量组 A：$\boldsymbol{\alpha}_1,\boldsymbol{\alpha}_2,\cdots,\boldsymbol{\alpha}_s$ 线性表示，则称向量组 A 能线性表示向量组 B.

(2) 若两个向量组能互相线性表示，则称这两个向量组等价.

2. 线性表示与矩阵乘法★★★

设 $\boldsymbol{A}=\begin{bmatrix}a_{11}&a_{12}&\cdots&a_{1n}\\a_{21}&a_{22}&\cdots&a_{2n}\\\vdots&\vdots&&\vdots\\a_{m1}&a_{m2}&\cdots&a_{mn}\end{bmatrix}$，$\boldsymbol{X}=\begin{bmatrix}x_{11}&x_{12}&\cdots&x_{1s}\\x_{21}&x_{22}&\cdots&x_{2s}\\\vdots&\vdots&&\vdots\\x_{n1}&x_{n2}&\cdots&x_{ns}\end{bmatrix}$，且 $\boldsymbol{AX}=\boldsymbol{B}$. 分块得

$$\boldsymbol{A}=(\boldsymbol{\alpha}_1,\boldsymbol{\alpha}_2,\cdots,\boldsymbol{\alpha}_m),\boldsymbol{X}=\begin{bmatrix}\boldsymbol{\xi}_1\\\boldsymbol{\xi}_2\\\vdots\\\boldsymbol{\xi}_n\end{bmatrix},\boldsymbol{B}=\begin{bmatrix}\boldsymbol{\beta}_1\\\boldsymbol{\beta}_2\\\vdots\\\boldsymbol{\beta}_m\end{bmatrix}=(\boldsymbol{\eta}_1,\boldsymbol{\eta}_2,,\boldsymbol{\eta}_s),$$

则

$$\begin{cases}a_{11}\boldsymbol{\xi}_1+a_{12}\boldsymbol{\xi}_2+\cdots+a_{1n}\boldsymbol{\xi}_n=\boldsymbol{\beta}_1\\a_{21}\boldsymbol{\xi}_1+a_{22}\boldsymbol{\xi}_2+\cdots+a_{2n}\boldsymbol{\xi}_n=\boldsymbol{\beta}_2\\\qquad\qquad\vdots\\a_{m1}\boldsymbol{\xi}_1+a_{m2}\boldsymbol{\xi}_2+\cdots+a_{mn}\boldsymbol{\xi}_n=\boldsymbol{\beta}_m\end{cases}$$

且
$$\begin{cases} x_{11}\boldsymbol{\alpha}_1+x_{21}\boldsymbol{\alpha}_2+\cdots+x_{n1}\boldsymbol{\alpha}_n=\boldsymbol{\eta}_1 \\ x_{12}\boldsymbol{\alpha}_1+x_{22}\boldsymbol{\alpha}_2+\cdots+x_{n2}\boldsymbol{\alpha}_n=\boldsymbol{\eta}_2 \\ \qquad\vdots \\ x_{1s}\boldsymbol{\alpha}_1+x_{2s}\boldsymbol{\alpha}_2+\cdots+x_{ns}\boldsymbol{\alpha}_n=\boldsymbol{\eta}_s \end{cases},$$
也即矩阵 $\boldsymbol{X}$ 的行向量组可以线性表示矩阵 $\boldsymbol{AX}$ 的行向量组.

矩阵 $\boldsymbol{A}$ 的列向量组可以线性表示矩阵 $\boldsymbol{AX}$ 的列向量组.

可以将 $\boldsymbol{AX}=\boldsymbol{B}$ 看作是由一系列线性方程组构成的矩阵方程,若矩阵 $\boldsymbol{A}$ 的列向量组可以线性表示矩阵 $\boldsymbol{B}$ 的列向量组,则这一系列线性方程组中的每个方程组都有解,即这个线性方程组阵列有解,否则无解.

若上述矩阵方程有解,则这个解可设为 $\boldsymbol{X}=(\boldsymbol{x}_1,\boldsymbol{x}_2,\cdots,\boldsymbol{x}_s)$.

要点 3 线性相关与线性无关★★★

定 义

(1) 对于向量组 $\boldsymbol{\alpha}_1,\boldsymbol{\alpha}_2,\cdots,\boldsymbol{\alpha}_n$,若存在不全为零的常数 $x_1,x_2,\cdots,x_n$,使得
$$x_1\boldsymbol{\alpha}_1+x_2\boldsymbol{\alpha}_2+\cdots+x_n\boldsymbol{\alpha}_n=0,$$
则称 $\boldsymbol{\alpha}_1,\boldsymbol{\alpha}_2,\cdots,\boldsymbol{\alpha}_n$ 线性相关,否则称其线性无关.

(2) 对于向量组 $\boldsymbol{\alpha}_1,\boldsymbol{\alpha}_2,\cdots,\boldsymbol{\alpha}_n$,仅当常数 $x_1=x_2=\cdots=x_n=0$ 时,才有
$$x_1\boldsymbol{\alpha}_1+x_2\boldsymbol{\alpha}_2+\cdots+\boldsymbol{x}_n\boldsymbol{\alpha}_n=0,$$
则称向量组 $\boldsymbol{\alpha}_1,\boldsymbol{\alpha}_2,\cdots,\boldsymbol{\alpha}_n$ 线性无关.

以例明理

线性相关与线性无关

$\boldsymbol{\alpha}_1=\begin{bmatrix}1\\1\\1\end{bmatrix},\boldsymbol{\alpha}_2=\begin{bmatrix}0\\1\\2\end{bmatrix},\boldsymbol{\alpha}_3=\begin{bmatrix}0\\0\\2\end{bmatrix}$	$\boldsymbol{\beta}_1=\begin{bmatrix}1\\1\\1\end{bmatrix},\boldsymbol{\beta}_2=\begin{bmatrix}2\\2\\2\end{bmatrix}$
不存在不全为零的常数 x_1,x_2,x_3,使得 $x_1\boldsymbol{\alpha}_1+x_2\boldsymbol{\alpha}_2+x_3\boldsymbol{\alpha}_3=\boldsymbol{0}$.	$2\boldsymbol{\beta}_1-\boldsymbol{\beta}_2=\boldsymbol{0}$
$\Updownarrow$	$\Updownarrow$
向量组 $\boldsymbol{\alpha}_1,\boldsymbol{\alpha}_2,\boldsymbol{\alpha}_3$ 线性无关	向量组 $\boldsymbol{\beta}_1,\boldsymbol{\beta}_2$ 线性相关

要点 4 向量组的秩

1. 向量组的极大无关组与秩★★★

(1) 向量组中能线性表示该向量组中所有向量的线性无关的部分向量组,称为该向量组的极大线性无关向量组,简称极大无关组.

(2) 极大无关组中所含向量的个数,称为该向量组的秩.

2. 求向量组的秩、极大无关组及表示其余向量的方法★★★

(1) $A=(\boldsymbol{\alpha}_1,\boldsymbol{\alpha}_2,\cdots,\boldsymbol{\alpha}_s)\xrightarrow{\text{初等行变换}}$行阶梯形矩阵 $\boldsymbol{B}$. 设非零行数为 r，则 $R(\boldsymbol{\alpha}_1,\boldsymbol{\alpha}_2,\cdots,\boldsymbol{\alpha}_s)=r$；每行首非零元所在列为第 $i_1,i_2,\cdots,i_r$ 列，则 $\boldsymbol{\alpha}_{i_1},\boldsymbol{\alpha}_{i_2},\cdots,\boldsymbol{\alpha}_{i_r}$ 为极大无关组. 极大无关组可以是任意 r 阶非零子式所对应的列向量组.

(2) $\boldsymbol{A}\to\boldsymbol{B}\xrightarrow{\text{初等行变换}}$行最简形矩阵. 第 $i_1,i_2,\cdots,i_r$ 列之外的列对应的向量被极大无关组线性表示时，系数为行最简形矩阵对应列的元素，系数次序与元素次序相同.

3. 矩阵的行秩与列秩★

矩阵行向量组的秩称为矩阵的行秩，矩阵列向量组的秩称为矩阵的列秩. 显然，矩阵的秩等于其行秩，也等于其列秩.

【举例】

1. 设 4 维向量组 $\boldsymbol{\alpha}_1=(1+a,1,1,1)^{\mathrm{T}},\boldsymbol{\alpha}_2=(2,2+a,2,2)^{\mathrm{T}},\boldsymbol{\alpha}_3=(3,3,3+a,3)^{\mathrm{T}},\boldsymbol{\alpha}_4=(4,4,4,4+a)^{\mathrm{T}}$，问 a 为何值时，$\boldsymbol{\alpha}_1,\boldsymbol{\alpha}_2,\boldsymbol{\alpha}_3,\boldsymbol{\alpha}_4$ 线性相关？当 $\boldsymbol{\alpha}_1,\boldsymbol{\alpha}_2,\boldsymbol{\alpha}_3,\boldsymbol{\alpha}_4$ 线性相关时，求其一个极大线性无关组，并将其余向量用该极大线性无关组线性表示.

2. 设向量组 $\boldsymbol{\alpha}_1=\begin{bmatrix}1\\1\\1\\3\end{bmatrix},\boldsymbol{\alpha}_2=\begin{bmatrix}-1\\-3\\5\\1\end{bmatrix},\boldsymbol{\alpha}_3=\begin{bmatrix}3\\2\\7\\p+2\end{bmatrix},\boldsymbol{\alpha}_4=\begin{bmatrix}-2\\-6\\10\\p\end{bmatrix},\alpha=\begin{bmatrix}4\\1\\14\\10\end{bmatrix}$，求当 p 为何值时，

(1) $\boldsymbol{\alpha}_1,\boldsymbol{\alpha}_2,\boldsymbol{\alpha}_3,\boldsymbol{\alpha}_4$ 线性无关？并在此时用 $\boldsymbol{\alpha}_1,\boldsymbol{\alpha}_2,\boldsymbol{\alpha}_3,\boldsymbol{\alpha}_4$ 线性表示向量；

(2) $\boldsymbol{\alpha}_1,\boldsymbol{\alpha}_2,\boldsymbol{\alpha}_3,\boldsymbol{\alpha}_4$ 线性相关？并在此时求出它的秩和一个极大无关组.

3. 设矩阵 $\boldsymbol{A}=\begin{bmatrix}2&-2&1&3\\9&-5&2&8\end{bmatrix}$，求一个 4×2 矩阵 $\boldsymbol{B}$，使 $\boldsymbol{AB}=\boldsymbol{O}$，且 $R(B)=2$.

【解析】

1. 解：

令 $\boldsymbol{A}=(\boldsymbol{\alpha}_1,\boldsymbol{\alpha}_2,\boldsymbol{\alpha}_3,\boldsymbol{\alpha}_4)$，则

$$|\boldsymbol{A}|=\begin{vmatrix}1+a&1&1&1\\2&2+a&2&2\\3&3&3+a&3\\4&4&4&4+a\end{vmatrix}=a^3(a+10),$$

当 $\boldsymbol{\alpha}_1,\boldsymbol{\alpha}_2,\boldsymbol{\alpha}_3,\boldsymbol{\alpha}_4$ 线性相关时，$|\boldsymbol{A}|=0$，即 $a=-10$ 或 $a=0$.

当 $a=-10$ 时，对 $\boldsymbol{A}$ 施以初等行变换：

$$\boldsymbol{A}=\begin{bmatrix}-9&1&1&1\\2&-8&2&2\\3&3&-7&3\\4&4&4&-6\end{bmatrix}\to\begin{bmatrix}0&0&0&0\\-2&1&0&0\\-3&0&1&0\\-4&0&0&1\end{bmatrix},$$

此时，$\boldsymbol{\alpha}_2,\boldsymbol{\alpha}_3,\boldsymbol{\alpha}_4$ 是一个极大无关组，$\boldsymbol{\alpha}_1=-2\boldsymbol{\alpha}_2-3\boldsymbol{\alpha}_3-4\boldsymbol{\alpha}_4$.

当 $a=0$ 时，四个向量对应分量成比例，故 $\boldsymbol{\alpha}_1=(1,1,1,1)^{\mathrm{T}}$ 是一个极大无关组，且 $\boldsymbol{\alpha}_2=2\boldsymbol{\alpha}_1,\boldsymbol{\alpha}_3=3\boldsymbol{\alpha}_1,\boldsymbol{\alpha}_4=4\boldsymbol{\alpha}_1$.

2. 解：

利用初等行变换将 $(\boldsymbol{\alpha}_1,\boldsymbol{\alpha}_2,\boldsymbol{\alpha}_3,\boldsymbol{\alpha}_4,\boldsymbol{\alpha})$ 化成行阶梯形矩阵

$$(\boldsymbol{\alpha}_1,\boldsymbol{\alpha}_2,\boldsymbol{\alpha}_3,\boldsymbol{\alpha}_4,\boldsymbol{\alpha})=\begin{bmatrix}1&-1&3&-2&4\\1&-3&2&-6&1\\1&5&7&10&14\\3&1&p+2&p&10\end{bmatrix}\to\begin{bmatrix}1&0&0&0&2\\0&1&0&2&1\\0&0&1&0&1\\0&0&0&p-2&1-p\end{bmatrix},$$

当 $p\neq 2$ 时，向量组 $\boldsymbol{\alpha}_1,\boldsymbol{\alpha}_2,\boldsymbol{\alpha}_3,\boldsymbol{\alpha}_4$ 的秩为 4，故向量组 $\boldsymbol{\alpha}_1,\boldsymbol{\alpha}_2,\boldsymbol{\alpha}_3,\boldsymbol{\alpha}_4$ 线性无关.

进一步利用初等行变换将上式化成最简形矩阵：

$$\begin{bmatrix}1&0&0&0&2\\0&1&0&2&1\\0&0&1&0&1\\0&0&0&p-2&1-p\end{bmatrix}\to\begin{bmatrix}1&0&0&0&2\\0&1&0&0&\dfrac{3p-4}{p-2}\\0&0&1&0&1\\0&0&0&1&\dfrac{1-p}{p-2}\end{bmatrix},$$

故

$$\boldsymbol{\alpha}=2\boldsymbol{\alpha}_1+\frac{3p-4}{p-2}\boldsymbol{\alpha}_2+\boldsymbol{\alpha}_3+\frac{1-p}{p-2}\boldsymbol{\alpha}_4.$$

当 $p=2$ 时，向量组 $\boldsymbol{\alpha}_1,\boldsymbol{\alpha}_2,\boldsymbol{\alpha}_3,\boldsymbol{\alpha}_4$ 线性相关($\boldsymbol{\alpha}_4=2\boldsymbol{\alpha}_2$)，向量组 $\boldsymbol{\alpha}_1,\boldsymbol{\alpha}_2,\boldsymbol{\alpha}_3,\boldsymbol{\alpha}_4$ 的秩为 3，$\boldsymbol{\alpha}_1,\boldsymbol{\alpha}_2,\boldsymbol{\alpha}_3$ 为一个极大无关组.

3. 解：

先求齐次线性方程组 $\boldsymbol{Ax}=\mathbf{0}$ 的一个基础解系. 利用初等行变换化简系数矩阵

$$\boldsymbol{A}=\begin{bmatrix}2&-2&1&3\\9&-5&2&8\end{bmatrix}\to\begin{bmatrix}-5&1&0&-2\\-8&0&1&-1\end{bmatrix},$$

故 $R(\boldsymbol{A})=2,n-R(\boldsymbol{A})=4-2=2$，从而基础解系只含有 2 个解向量.

取 x_1,x_4 为自由未知量，此时，同解方程组为 $\begin{cases}x_2=5x_1+2x_4\\x_3=8x_1+2x_4\end{cases}$.

令 $\begin{bmatrix}x_1\\x_4\end{bmatrix}=\begin{bmatrix}1\\0\end{bmatrix},\begin{bmatrix}0\\1\end{bmatrix}$，分别解得 $\begin{bmatrix}x_2\\x_3\end{bmatrix}=\begin{bmatrix}5\\8\end{bmatrix},\begin{bmatrix}2\\1\end{bmatrix}$，于是得到一个基础解系为

$$\boldsymbol{\xi}_1=\begin{bmatrix}1\\5\\8\\0\end{bmatrix},\quad \boldsymbol{\xi}_2=\begin{bmatrix}0\\2\\1\\1\end{bmatrix}.$$

以它们作为列向量的矩阵秩为 2，且 $\boldsymbol{A}(\boldsymbol{\xi}_1,\boldsymbol{\xi}_2)=(\boldsymbol{A\xi}_1,\boldsymbol{A\xi}_2)=(0,0)=\boldsymbol{O}$，所以

$$\boldsymbol{B}=\begin{bmatrix}1&0\\5&2\\8&1\\0&1\end{bmatrix}.$$

要点 5　向量组线性相关与无关的常用结论★★

1. 与齐次线性方程组的关系★★★

设 $\boldsymbol{A}=(\boldsymbol{\alpha}_1,\boldsymbol{\alpha}_2,\cdots,\boldsymbol{\alpha}_n)$，则有如表 4 - 1 所列结论：

表 4 - 1

$\boldsymbol{\alpha}_1,\boldsymbol{\alpha}_2,\cdots,\boldsymbol{\alpha}_n$ 是否线性相关	$\Leftrightarrow$	$\boldsymbol{Ax}=\boldsymbol{0}$ 有无非零解	$\Leftrightarrow$	$R(\boldsymbol{A})<n$ 是否成立
线性相关	$\Leftrightarrow$	有非零解	$\Leftrightarrow$	$R(\boldsymbol{A})<n$
线性无关	$\Leftrightarrow$	仅有零解	$\Leftrightarrow$	$R(\boldsymbol{A})=n$

2. 常用结论

(1) ①向量 $\boldsymbol{\alpha}$ 线性相关$\Leftrightarrow\boldsymbol{\alpha}=0$；线性无关$\Leftrightarrow\boldsymbol{\alpha}\neq 0$.

② 向量 $\boldsymbol{\alpha}_1,\boldsymbol{\alpha}_2$ 线性相关$\Leftrightarrow\boldsymbol{\alpha}_1$ 与 $\boldsymbol{\alpha}_2$ 的对应分量成比例；

③ 向量 $\boldsymbol{\alpha}_1,\boldsymbol{\alpha}_2$ 线性无关$\Leftrightarrow\boldsymbol{\alpha}_1$ 与 $\boldsymbol{\alpha}_2$ 的对应分量不成比例.

(2) 含有零向量的向量组必线性相关.

(3) ① 线性相关向量组的任何扩大组仍线性相关；

② 线性无关向量组的任何非空部分向量组仍线性无关.

(4) ① n 个 n 维向量 $\boldsymbol{\alpha}_1,\boldsymbol{\alpha}_2,\cdots,\boldsymbol{\alpha}_n$ 线性相关$\Leftrightarrow|\boldsymbol{\alpha}_1,\boldsymbol{\alpha}_2,\cdots,\boldsymbol{\alpha}_n|=0$.

② n 个 n 维向量 $\boldsymbol{\alpha}_1,\boldsymbol{\alpha}_2,\cdots,\boldsymbol{\alpha}_n$ 线性无关$\Leftrightarrow|\boldsymbol{\alpha}_1,\boldsymbol{\alpha}_2,\cdots,\boldsymbol{\alpha}_n|\neq 0$.

③ 当 $n>m$ 时，n 个 m 维向量构成的向量组必线性相关.

(5) 在 r 维向量组 $\boldsymbol{A}$ 中去掉一个所有向量的同位分量，得到 $r-1$ 维向量组 $\boldsymbol{B}$：

① 如果向量组 $\boldsymbol{A}$ 线性相关，则向量组 $\boldsymbol{B}$ 线性相关，对调未必成立；

② 如果向量组 $\boldsymbol{B}$ 线性无关，则向量组 $\boldsymbol{A}$ 线性无关，对调未必成立.

要点 6　线性表示的常用结论★★

1. 与非齐次线性方程组的关系★★★

设 $\boldsymbol{A}=(\boldsymbol{\alpha}_1,\boldsymbol{\alpha}_2,\cdots,\boldsymbol{\alpha}_n)$，$\boldsymbol{B}=(\boldsymbol{A},\boldsymbol{\beta})$，$\boldsymbol{\beta}\neq 0$，则有如表 4 - 2 所列结论：

表 4-2

<table>
<tr><td colspan="2">$\boldsymbol{\alpha}_1,\boldsymbol{\alpha}_2,\cdots,\boldsymbol{\alpha}_n$
能否线性表示 $\boldsymbol{\beta}$</td><td>⇔</td><td colspan="2">$\boldsymbol{A}\boldsymbol{x}=\boldsymbol{\beta}$
有无解</td><td>⇔</td><td colspan="2">$R(\boldsymbol{A})=R(\boldsymbol{B})$
是否成立</td></tr>
<tr><td rowspan="2">能</td><td>表示法不唯一</td><td>⇔</td><td rowspan="2">有解</td><td>有无穷多解</td><td>⇔</td><td rowspan="2">$R(\boldsymbol{A})=R(\boldsymbol{B})$</td><td>$<n$</td></tr>
<tr><td>表示法唯一</td><td>⇔</td><td>有唯一解</td><td>⇔</td><td>$=n$</td></tr>
<tr><td colspan="2">不能</td><td>⇔</td><td colspan="2">无解</td><td>⇔</td><td colspan="2">$R(\boldsymbol{A})<R(\boldsymbol{B})$</td></tr>
</table>

2. 常用结论

(1) ①向量组Ⅰ能(不能)线性表示向量组ⅠⅡ⇔$R(I)=R(Ⅰ,Ⅱ)$($R(Ⅰ)<R(Ⅰ,Ⅱ)$).

② 若向量组Ⅰ可由向量组Ⅱ线性表示,则 $R(Ⅰ)\leqslant R(Ⅱ)$.

③ 向量组的任意极大无关组和该向量组相互等价.

④ 向量组Ⅰ等价于Ⅱ⇔$R(Ⅰ)=R(Ⅱ)=R(Ⅰ,Ⅱ)$(等价向量组具有相同的秩).

⑤ 矩阵方程 $\boldsymbol{AX}=\boldsymbol{B}$ 有解⇔$R(\boldsymbol{A})=R(\boldsymbol{A},\boldsymbol{B})$.

(2) 向量组 $\boldsymbol{\alpha}_1,\boldsymbol{\alpha}_2,\cdots,\boldsymbol{\alpha}_s$ 线性相关⇔该向量组中至少有一个向量可由其余 $s-1$ 个向量线性表示.

(3) 向量组 $\boldsymbol{\alpha}_1,\boldsymbol{\alpha}_2,\cdots,\boldsymbol{\alpha}_s(s\geqslant 2)$线性无关,向量组 $\boldsymbol{\alpha}_1,\boldsymbol{\alpha}_2,\cdots,\boldsymbol{\alpha}_s,\boldsymbol{\beta}$ 线性相关,则 $\boldsymbol{\beta}$ 能由向量组 $\boldsymbol{\alpha}_1,\boldsymbol{\alpha}_2,\cdots,\boldsymbol{\alpha}_s$ 线性表示,且表示法唯一.

(4) 向量个数与线性表示的关系:

① 若向量组 $\boldsymbol{\alpha}_1,\boldsymbol{\alpha}_2,\cdots,\boldsymbol{\alpha}_s$ 可由向量组 $\boldsymbol{\beta}_1,\boldsymbol{\beta}_2,\cdots,\boldsymbol{\beta}_t$ 线性表示,且 $s>t$,则向量组 $\boldsymbol{\alpha}_1,\boldsymbol{\alpha}_2,\cdots,\boldsymbol{\alpha}_s$ 线性相关.

② 若向量组 $\boldsymbol{\alpha}_1,\boldsymbol{\alpha}_2,\cdots,\boldsymbol{\alpha}_s$ 线性无关,且可由向量组 $\boldsymbol{\beta}_1,\boldsymbol{\beta}_2,\cdots,\boldsymbol{\beta}_t$ 线性表示,则必有 $s\leqslant t$.

③ 两个等价的线性无关的向量组所含向量的个数相同.

【举例】

1. 已知 $\boldsymbol{\alpha}_1=(1,2,3,0)^{\mathrm{T}},\boldsymbol{\alpha}_2=(1,1,3,-a)^{\mathrm{T}},\boldsymbol{\alpha}_3=(3,5,8,-2)^{\mathrm{T}},\boldsymbol{\beta}=(3,3,b,-6)^{\mathrm{T}}$,试问当 a,b 为何值时,$\boldsymbol{\beta}$ 可由 $\boldsymbol{\alpha}_1,\boldsymbol{\alpha}_2,\boldsymbol{\alpha}_3$ 线性表示,并写出表示式.

2. 已知 $\boldsymbol{\alpha}_1,\boldsymbol{\alpha}_2,\boldsymbol{\alpha}_3$ 线性无关,若 $\boldsymbol{\alpha}_1+2\boldsymbol{\alpha}_2,2\boldsymbol{\alpha}_2+a\boldsymbol{\alpha}_3,3\boldsymbol{\alpha}_3+2\boldsymbol{\alpha}_1$ 线性相关,求 a.

3. 已知 $\boldsymbol{\alpha}_1,\boldsymbol{\alpha}_2,\boldsymbol{\alpha}_3$ 线性相关,$\boldsymbol{\alpha}_2,\boldsymbol{\alpha}_3,\boldsymbol{\alpha}_4$ 线性无关,试证 $\boldsymbol{\alpha}_1$ 可以由 $\boldsymbol{\alpha}_2,\boldsymbol{\alpha}_3,\boldsymbol{\alpha}_4$ 线性表示,$\boldsymbol{\alpha}_4$ 不能由 $\boldsymbol{\alpha}_1,\boldsymbol{\alpha}_2,\boldsymbol{\alpha}_3$ 线性表示.

4. 已知 $\boldsymbol{A}$ 是 n 阶可逆矩阵,$\boldsymbol{\alpha}_1,\boldsymbol{\alpha}_2,\cdots,\boldsymbol{\alpha}_s$ 是 n 维线性无关的列向量,试证 $\boldsymbol{A\alpha}_1,\boldsymbol{A\alpha}_2,\cdots,\boldsymbol{A\alpha}_s$ 线性无关.

5. 已知 $\boldsymbol{\beta}$ 可由 $\boldsymbol{\alpha}_1,\boldsymbol{\alpha}_2,\cdots,\boldsymbol{\alpha}_s$ 线性表示,但不能由 $\boldsymbol{\alpha}_1,\boldsymbol{\alpha}_2,\cdots,\boldsymbol{\alpha}_{s-1}$ 线性表示,试证 $\boldsymbol{\alpha}_s$ 能由 $\boldsymbol{\beta},\boldsymbol{\alpha}_1,\boldsymbol{\alpha}_2,\cdots,\boldsymbol{\alpha}_{s-1}$ 线性表示,但不能由 $\boldsymbol{\alpha}_1,\boldsymbol{\alpha}_2,\cdots,\boldsymbol{\alpha}_{s-1}$ 线性表示.

6. 已知向量组 $\boldsymbol{\alpha}_1,\boldsymbol{\alpha}_2,\cdots,\boldsymbol{\alpha}_m(m>1)$线性无关,且 $\boldsymbol{\beta}=\boldsymbol{\alpha}_1+\boldsymbol{\alpha}_2+\cdots+\boldsymbol{\alpha}_m$,试证向量组 $\boldsymbol{\beta}-\boldsymbol{\alpha}_1,\boldsymbol{\beta}-\boldsymbol{\alpha}_2,\cdots,\boldsymbol{\beta}-\boldsymbol{\alpha}_m$ 线性无关.

7. 设 $\boldsymbol{A}$ 是 n 阶方阵,x 是 n 维列向量,若对某一自然数 m,有 $\boldsymbol{A}^{m-1}\boldsymbol{x}\neq\boldsymbol{0},\boldsymbol{A}^m\boldsymbol{x}=\boldsymbol{0}$,试

证向量组 $\boldsymbol{x},\boldsymbol{A}\boldsymbol{x},\cdots,\boldsymbol{A}^{m-1}\boldsymbol{x}$ 线性无关.

8. 设 $\boldsymbol{\beta},\boldsymbol{\alpha}_1,\boldsymbol{\alpha}_2$ 线性相关,$\boldsymbol{\beta},\boldsymbol{\alpha}_2,\boldsymbol{\alpha}_3$ 线性无关,则正确的结论是(　).

A. $\boldsymbol{\alpha}_1,\boldsymbol{\alpha}_2,\boldsymbol{\alpha}_3$ 线性相关　　B. $\boldsymbol{\alpha}_1,\boldsymbol{\alpha}_2,\boldsymbol{\alpha}_3$ 线性无关

C. $\boldsymbol{\alpha}_1$ 可由 $\boldsymbol{\beta},\boldsymbol{\alpha}_1,\boldsymbol{\alpha}_2$ 线性表示　　D. $\boldsymbol{\beta}$ 可由 $\boldsymbol{\alpha}_1,\boldsymbol{\alpha}_2$ 线性表示

9. 设 $\boldsymbol{\alpha}_1,\boldsymbol{\alpha}_2,\boldsymbol{\alpha}_3$ 线性无关,则下列向量组线性相关的是(　).

A. $\boldsymbol{\alpha}_1,\boldsymbol{\alpha}_2,\boldsymbol{\alpha}_3-\boldsymbol{\alpha}_1$　　B. $\boldsymbol{\alpha}_1,\boldsymbol{\alpha}_2+\boldsymbol{\alpha}_3,\boldsymbol{\alpha}_1+\boldsymbol{\alpha}_3$

C. $\boldsymbol{\alpha}_1+\boldsymbol{\alpha}_2,\boldsymbol{\alpha}_2+\boldsymbol{\alpha}_3,\boldsymbol{\alpha}_3+\boldsymbol{\alpha}_1$　　D. $\boldsymbol{\alpha}_1-\boldsymbol{\alpha}_2,\boldsymbol{\alpha}_2-\boldsymbol{\alpha}_3,\boldsymbol{\alpha}_3-\boldsymbol{\alpha}_1$

【解析】

1. 解:

$\boldsymbol{\beta}$ 可由 $\boldsymbol{\alpha}_1,\boldsymbol{\alpha}_2,\boldsymbol{\alpha}_3$ 线性表示,当且仅当非齐次线性方程组 $x_1\boldsymbol{\alpha}_1+x_2\boldsymbol{\alpha}_2+x_3\boldsymbol{\alpha}_3=\boldsymbol{\beta}$ 时有解,也等价于 $R(\boldsymbol{\alpha}_1,\boldsymbol{\alpha}_2,\boldsymbol{\alpha}_3)=R(\boldsymbol{\alpha}_1,\boldsymbol{\alpha}_2,\boldsymbol{\alpha}_3,\boldsymbol{\beta})$.

对增广矩阵 $(\boldsymbol{\alpha}_1,\boldsymbol{\alpha}_2,\boldsymbol{\alpha}_3,\boldsymbol{\beta})$ 施以初等行变换:

$$(\boldsymbol{\alpha}_1,\boldsymbol{\alpha}_2,\boldsymbol{\alpha}_3,\boldsymbol{\beta})=\begin{bmatrix}1&1&3&3\\2&1&5&3\\3&3&8&b\\0&-a&-2&-6\end{bmatrix}\rightarrow\begin{bmatrix}1&0&0&2b-18\\0&-1&0&6-b\\0&0&-1&b-9\\0&0&0&(a-2)(b-6)\end{bmatrix},$$

因为 $R(\boldsymbol{\alpha}_1,\boldsymbol{\alpha}_2,\boldsymbol{\alpha}_3)=R(\boldsymbol{\alpha}_1,\boldsymbol{\alpha}_2,\boldsymbol{\alpha}_3,\boldsymbol{\beta})$,所以 $(a-2)(b-6)=0$.

从而当 $a=2$ 时,对于任意的 b,$\boldsymbol{\beta}=(2b-18)\boldsymbol{\alpha}_1+(b-6)\boldsymbol{\alpha}_2+(9-b)\boldsymbol{\alpha}_3$;

或当 $b=6$ 时,对于任意的 a,$\boldsymbol{\beta}=-6\boldsymbol{\alpha}_1+3\boldsymbol{\alpha}_3$.

2. 解:

因为 $\boldsymbol{\alpha}_1+2\boldsymbol{\alpha}_2,2\boldsymbol{\alpha}_2+a\boldsymbol{\alpha}_3,3\boldsymbol{\alpha}_3+2\boldsymbol{\alpha}_1$ 线性相关,所以存在不全为零的数 $\lambda_1,\lambda_2,\lambda_3$,使得

$$\lambda_1(\boldsymbol{\alpha}_1+2\boldsymbol{\alpha}_2)+\lambda_2(2\boldsymbol{\alpha}_2+a\boldsymbol{\alpha}_3)+\lambda_3(3\boldsymbol{\alpha}_3+2\boldsymbol{\alpha}_1)=0,$$

即

$$(\lambda_1+2\lambda_3)\boldsymbol{\alpha}_1+(2\lambda_1+2\lambda_2)\boldsymbol{\alpha}_2+(a\lambda_2+3\lambda_3)\boldsymbol{\alpha}_3=0.$$

由于 $\boldsymbol{\alpha}_1,\boldsymbol{\alpha}_2,\boldsymbol{\alpha}_3$ 线性无关,故三元齐次线性方程组 $\begin{cases}\lambda_1+2\lambda_3=0\\2\lambda_1+2\lambda_2=0\\a\lambda_2+3\lambda_3=0\end{cases}$ 有非零解,等价于系数行列式 $|\boldsymbol{A}|=0$,而 $|\boldsymbol{A}|=\begin{vmatrix}1&0&2\\2&2&0\\0&a&3\end{vmatrix}=6+4a$,故 $a=-\dfrac{3}{2}$.

3. 证明:

因为 $\boldsymbol{\alpha}_2,\boldsymbol{\alpha}_3,\boldsymbol{\alpha}_4$ 线性无关,所以 $\boldsymbol{\alpha}_2,\boldsymbol{\alpha}_3$ 线性无关,又 $\boldsymbol{\alpha}_1,\boldsymbol{\alpha}_2,\boldsymbol{\alpha}_3$ 线性相关,故 $\boldsymbol{\alpha}_1$ 可以由 $\boldsymbol{\alpha}_2,\boldsymbol{\alpha}_3$ 线性表示,从而 $\boldsymbol{\alpha}_1$ 可以由 $\boldsymbol{\alpha}_2,\boldsymbol{\alpha}_3,\boldsymbol{\alpha}_4$ 线性表示.

假设 $\boldsymbol{\alpha}_4$ 能由 $\boldsymbol{\alpha}_1,\boldsymbol{\alpha}_2,\boldsymbol{\alpha}_3$ 线性表示,前面已经证明 $\boldsymbol{\alpha}_1$ 可以由 $\boldsymbol{\alpha}_2,\boldsymbol{\alpha}_3$ 线性表示,故 $\boldsymbol{\alpha}_4$ 能由 $\boldsymbol{\alpha}_2,\boldsymbol{\alpha}_3$ 线性表示,则 $\boldsymbol{\alpha}_2,\boldsymbol{\alpha}_3,\boldsymbol{\alpha}_4$ 线性相关,推出矛盾.因此,$\boldsymbol{\alpha}_4$ 不能由 $\boldsymbol{\alpha}_1,\boldsymbol{\alpha}_2,\boldsymbol{\alpha}_3$ 线性表示.

【证毕】

4. 证明：

方法一　利用矩阵的秩

由 $\boldsymbol{A}$ 是可逆矩阵得

$$R(\boldsymbol{A\alpha}_1,\boldsymbol{A\alpha}_2,\cdots,\boldsymbol{A\alpha}_s)=R[\boldsymbol{A}(\boldsymbol{\alpha}_1,\boldsymbol{\alpha}_2,\cdots,\boldsymbol{\alpha}_s)]=R(\boldsymbol{\alpha}_1,\boldsymbol{\alpha}_2,\cdots,\boldsymbol{\alpha}_s).$$

因为 $\boldsymbol{\alpha}_1,\boldsymbol{\alpha}_2,\cdots,\boldsymbol{\alpha}_s$ 是 n 维线性无关的列向量，所以 $R(\boldsymbol{\alpha}_1,\boldsymbol{\alpha}_2,\cdots,\boldsymbol{\alpha}_s)=s$.

从而 $R(\boldsymbol{A\alpha}_1,\boldsymbol{A\alpha}_2,\cdots,\boldsymbol{A\alpha}_s)=s$，故 $\boldsymbol{A\alpha}_1,\boldsymbol{A\alpha}_2,\cdots,\boldsymbol{A\alpha}_s$ 线性无关.

方法二　利用线性方程组

若存在常数 $k_1,k_2,\cdots,k_s$，使得 $k_1\boldsymbol{A\alpha}_1+k_2\boldsymbol{A\alpha}_2+\cdots+k_s\boldsymbol{A\alpha}_s=0$，即

$$\boldsymbol{A}(k_1\boldsymbol{\alpha}_1+k_2\boldsymbol{\alpha}_2+\cdots+k_s\boldsymbol{\alpha}_s)=0,$$

由于 $\boldsymbol{A}$ 可逆，故

$$k_1\boldsymbol{\alpha}_1+k_2\boldsymbol{\alpha}_2+\cdots+k_s\boldsymbol{\alpha}_s=0.$$

又因为 $\boldsymbol{\alpha}_1,\boldsymbol{\alpha}_2,\cdots,\boldsymbol{\alpha}_s$ 线性无关，所以 $k_1=k_2=\cdots=k_s=0$，即 $\boldsymbol{A\alpha}_1,\boldsymbol{A\alpha}_2,\cdots,\boldsymbol{A\alpha}_s$ 线性无关.

【证毕】

5. 证明：

因为向量 $\boldsymbol{\beta}$ 可以由 $\boldsymbol{\alpha}_1,\boldsymbol{\alpha}_2,\cdots,\boldsymbol{\alpha}_s$ 线性表示，所以存在常数 $\lambda_1,\lambda_2,\cdots,\lambda_s$，使得

$$\boldsymbol{\beta}=\lambda_1\boldsymbol{\alpha}_1+\lambda_2\boldsymbol{\alpha}_2+\cdots+\lambda_s\boldsymbol{\alpha}_s.$$

又由于 $\boldsymbol{\beta}$ 不能由 $\boldsymbol{\alpha}_1,\boldsymbol{\alpha}_2,\cdots,\boldsymbol{\alpha}_{s-1}$ 线性表示，故 $\lambda_s\neq 0$，故

$$\boldsymbol{\alpha}_s=\frac{1}{\lambda_s}\boldsymbol{\beta}-\frac{\lambda_1}{\lambda_s}\boldsymbol{\alpha}_1-\frac{\lambda_2}{\lambda_s}\boldsymbol{\alpha}_2-\cdots-\frac{\lambda_{s-1}}{\lambda_s}\boldsymbol{\alpha}_{s-1},$$

即 $\boldsymbol{\alpha}_s$ 可由 $\boldsymbol{\beta},\boldsymbol{\alpha}_1,\boldsymbol{\alpha}_2,\cdots,\boldsymbol{\alpha}_{s-1}$ 线性表示.

若 $\boldsymbol{\alpha}_s$ 能由 $\boldsymbol{\alpha}_1,\boldsymbol{\alpha}_2,\cdots,\boldsymbol{\alpha}_{s-1}$ 线性表示，则 $\boldsymbol{\alpha}_1,\boldsymbol{\alpha}_2,\cdots,\boldsymbol{\alpha}_s$ 可由 $\boldsymbol{\alpha}_1,\boldsymbol{\alpha}_2,\cdots,\boldsymbol{\alpha}_{s-1}$ 线性表示，进而向量 $\boldsymbol{\beta}$ 可由 $\boldsymbol{\alpha}_1,\boldsymbol{\alpha}_2,\cdots,\boldsymbol{\alpha}_s$ 线性表示，与题干矛盾，故 $\boldsymbol{\alpha}_s$ 不能由 $\boldsymbol{\alpha}_1,\boldsymbol{\alpha}_2,\cdots,\boldsymbol{\alpha}_{s-1}$ 线性表示.

【证毕】

6. 证明：

$$(\boldsymbol{\beta}-\boldsymbol{\alpha}_1,\boldsymbol{\beta}-\boldsymbol{\alpha}_2,\cdots,\boldsymbol{\beta}-\boldsymbol{\alpha}_m)=(\boldsymbol{\alpha}_1,\boldsymbol{\alpha}_2,\cdots,\boldsymbol{\alpha}_m)\begin{bmatrix}0&1&\cdots&1\\1&0&\cdots&1\\\vdots&\vdots&&\vdots\\1&1&\cdots&0\end{bmatrix}.$$

$$|\boldsymbol{C}|=\begin{vmatrix}0&1&\cdots&1\\1&0&\cdots&1\\\vdots&\vdots&&\vdots\\1&1&\cdots&0\end{vmatrix}=\begin{vmatrix}m-1&m-1&\cdots&m-1\\1&0&\cdots&1\\\vdots&\vdots&&\vdots\\0&0&\cdots&-1\end{vmatrix}$$

$$=(m-1)\begin{vmatrix}1&1&\cdots&1\\1&0&\cdots&1\\\vdots&\vdots&&\vdots\\1&1&\cdots&0\end{vmatrix}=(m-1)\begin{vmatrix}1&1&\cdots&1\\0&-1&\cdots&0\\\vdots&\vdots&&\vdots\\0&0&\cdots&-1\end{vmatrix}$$

$$=(-1)^{m-1}(m-1)\neq 0(m>1),$$

故矩阵 $\boldsymbol{C}$ 可逆，从而根据乘以可逆矩阵秩不变的性质，可得

$$R(\boldsymbol{\beta}-\boldsymbol{\alpha}_1,\boldsymbol{\beta}-\boldsymbol{\alpha}_2,\cdots,\boldsymbol{\beta}-\boldsymbol{\alpha}_m)=R[(\boldsymbol{\alpha}_1,\boldsymbol{\alpha}_2,\cdots,\boldsymbol{\alpha}_m)\boldsymbol{C}]$$
$$=R(\boldsymbol{\alpha}_1,\boldsymbol{\alpha}_2,\cdots,\boldsymbol{\alpha}_m).$$

再由 $\boldsymbol{\alpha}_1,\boldsymbol{\alpha}_2,\cdots,\boldsymbol{\alpha}_m$ 线性无关，可知 $R(\boldsymbol{\alpha}_1,\boldsymbol{\alpha}_2,\cdots,\boldsymbol{\alpha}_m)=m$，故

$$R(\boldsymbol{\beta}-\boldsymbol{\alpha}_1,\boldsymbol{\beta}-\boldsymbol{\alpha}_2,\cdots,\boldsymbol{\beta}-\boldsymbol{\alpha}_m)=m.$$

因此，$\boldsymbol{\beta}-\boldsymbol{\alpha}_1,\boldsymbol{\beta}-\boldsymbol{\alpha}_2,\cdots,\boldsymbol{\beta}-\boldsymbol{\alpha}_m$ 线性无关.

【证毕】

7. 证明：

由 $\boldsymbol{A}^m\boldsymbol{x}=0$ 知，对于任意 $k\geqslant m$，有 $\boldsymbol{A}^k\boldsymbol{x}=0$. 如果存在常数 $\lambda_1,\lambda_2,\cdots,\lambda_m$，使得

$$\lambda_1\boldsymbol{x}+\lambda_2\boldsymbol{A}\boldsymbol{x}+\cdots+\lambda_m\boldsymbol{A}^{m-1}\boldsymbol{x}=0,$$

两边左乘 $\boldsymbol{A}^{m-1}$，得出 $\lambda_1\boldsymbol{A}^{m-1}\boldsymbol{x}=0$，因为 $\boldsymbol{A}^{m-1}\boldsymbol{x}\neq 0$，所以 $\lambda_1=0$；再两边左乘 $\boldsymbol{A}^{m-2}$，得出 $\lambda_2\boldsymbol{A}^{m-1}\boldsymbol{x}=0$，故 $\lambda_2=0$.

以此类推 $\lambda_1=\lambda_2=\cdots=\lambda_m=0$.

因此，向量组 $\boldsymbol{x},\boldsymbol{A}\boldsymbol{x},\cdots,\boldsymbol{A}^{m-1}\boldsymbol{x}$ 线性无关.

【证毕】

8. 解：

若 $\boldsymbol{\alpha}_1,\boldsymbol{\alpha}_2,\boldsymbol{\alpha}_3$ 线性无关，取 $\boldsymbol{\beta}=\boldsymbol{\alpha}_1$，则 $\boldsymbol{\beta},\boldsymbol{\alpha}_1,\boldsymbol{\alpha}_2$ 线性相关，$\boldsymbol{\beta},\boldsymbol{\alpha}_2,\boldsymbol{\alpha}_3$ 线性无关，故 A 错误.

若取 $\boldsymbol{\alpha}_1=\boldsymbol{\alpha}_2$，则 $\boldsymbol{\beta},\boldsymbol{\alpha}_1,\boldsymbol{\alpha}_2$ 线性相关，$\boldsymbol{\beta},\boldsymbol{\alpha}_2,\boldsymbol{\alpha}_3$ 线性无关可以成立，此时 $\boldsymbol{\alpha}_1,\boldsymbol{\alpha}_2,\boldsymbol{\alpha}_3$ 线性相关，故 B 错误.

因为 $\boldsymbol{\alpha}_2,\boldsymbol{\alpha}_3,\boldsymbol{\beta}$ 线性相关，所以 $\boldsymbol{\alpha}_1,\boldsymbol{\alpha}_2,\boldsymbol{\alpha}_3,\boldsymbol{\beta}$ 也线性相关，而 $\boldsymbol{\alpha}_1,\boldsymbol{\alpha}_2,\boldsymbol{\beta}$ 线性无关，故 $\boldsymbol{\alpha}_3$ 可由 $\boldsymbol{\alpha}_1,\boldsymbol{\alpha}_2,\boldsymbol{\beta}$ 线性表示，即 C 正确.

因为 $\boldsymbol{\beta},\boldsymbol{\alpha}_2,\boldsymbol{\alpha}_3$ 线性无关，所以 $\boldsymbol{\beta},\boldsymbol{\alpha}_2$ 线性无关，即 $\boldsymbol{\beta}$ 不可由 $\boldsymbol{\alpha}_2$ 线性表示. 若取 $\boldsymbol{\alpha}_1=\boldsymbol{\alpha}_2$，则 $\boldsymbol{\beta},\boldsymbol{\alpha}_1,\boldsymbol{\alpha}_2$ 线性相关，而 $\boldsymbol{\beta}$ 不可由 $\boldsymbol{\alpha}_1,\boldsymbol{\alpha}_2$ 线性表示，即 D 错误.

因此，应选 C.

9. 解：

对于 A 选项：

$$k_1\boldsymbol{\alpha}_1+k_2\boldsymbol{\alpha}_2+k_3(\boldsymbol{\alpha}_3-\boldsymbol{\alpha}_1)=(k_1-k_3)\boldsymbol{\alpha}_1+k_2\boldsymbol{\alpha}_2+k_3\boldsymbol{\alpha}_3=\boldsymbol{0},$$

由 $\boldsymbol{\alpha}_1,\boldsymbol{\alpha}_2,\boldsymbol{\alpha}_3$ 线性无关，得 $\begin{cases}k_1-k_3=0\\ \qquad k_2=0\\ \qquad k_3=0\end{cases}$，解得 $\begin{cases}k_1=0\\k_2=0\\k_3=0\end{cases}$，故 A 选项向量组线性无关，同理得 B、C 选项中的向量组线性无关.

对于选项 D，因为 $(\boldsymbol{\alpha}_1-\boldsymbol{\alpha}_2)+(\boldsymbol{\alpha}_2-\boldsymbol{\alpha}_3)+(\boldsymbol{\alpha}_3-\boldsymbol{\alpha}_1)=\boldsymbol{0}$，所以 $\boldsymbol{\alpha}_1-\boldsymbol{\alpha}_2,\boldsymbol{\alpha}_2-\boldsymbol{\alpha}_3,\boldsymbol{\alpha}_3-\boldsymbol{\alpha}_1$ 线性相关.

因此，应选 D.

第 5 章　方阵的特征值与特征向量和相似化简

知识扫描

方阵的特征值、特征向量与相似化简是全书的重点，难度较大，尤其要学会求特征值和特征向量，并在此基础上掌握方阵化简的两种思路. 读者在复习时，可借助思维导图和列举的要点着重掌握.

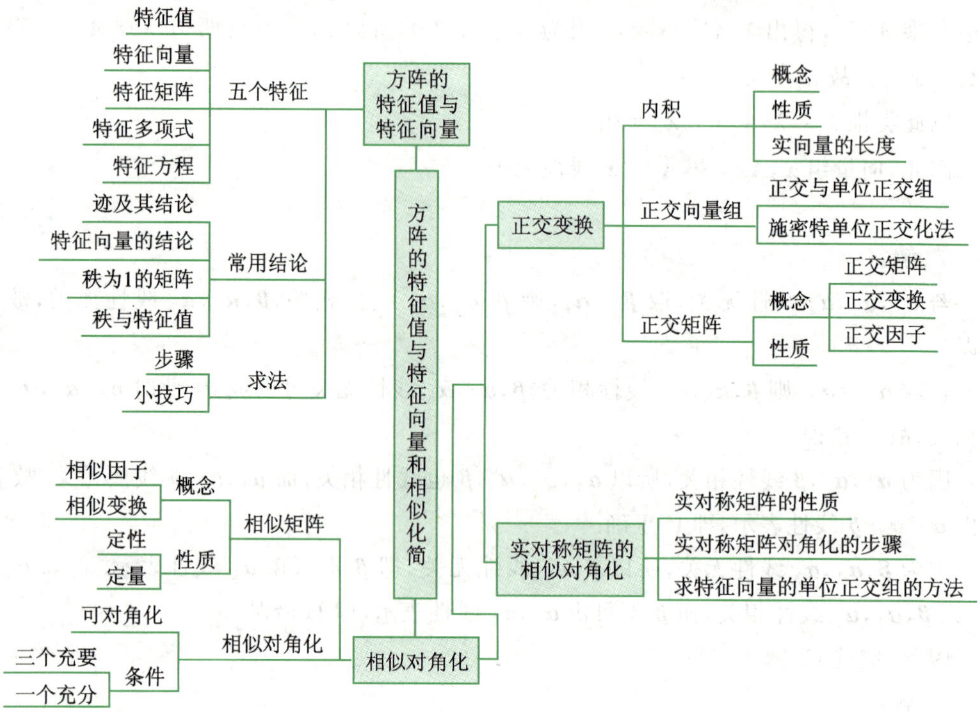

1. 理解矩阵的特征值和特征向量的概念及性质，会求矩阵的特征值和特征向量.

2. 理解相似矩阵的概念、性质及矩阵可相似对角化的充分必要条件，掌握将矩阵化为相似对角矩阵的方法.

3. 掌握实对称矩阵的特征值和特征向量的性质.

4. 了解内积的概念，掌握线性无关向量组正交规范化的施密特(Schmidt)方法.

5. 了解规范正交基、正交矩阵的概念以及它们的性质.

§1　方阵的特征值和特征向量

要点 1　方阵的特征值和特征向量★★

1. 特征值与特征向量

设 $\boldsymbol{A}$ 是 n 阶矩阵，若存在数 λ 和非零 n 维列向量 $\boldsymbol{\alpha}$，使 $\boldsymbol{A}\boldsymbol{\alpha}=\lambda\boldsymbol{\alpha}$，则称 λ 为 $\boldsymbol{A}$ 的特征值(特征根)，$\boldsymbol{\alpha}$ 为 $\boldsymbol{A}$ 对应于特征值 λ 的特征向量.

在复数域上，n 阶矩阵 $\boldsymbol{A}$ 恰有 n 个特征值(重根按重数计算).

2. 特征多项式与特征方程

称 $\lambda\boldsymbol{E}-\boldsymbol{A}$ 为 $\boldsymbol{A}$ 的特征矩阵，称特征矩阵的行列式 $\varphi(\lambda)=|\lambda\boldsymbol{E}-\boldsymbol{A}|$ 为 $\boldsymbol{A}$ 的特征多项式，称方程 $|\lambda\boldsymbol{E}-\boldsymbol{A}|=0$ 为 $\boldsymbol{A}$ 的特征方程.

【举例】

1. $\boldsymbol{A}$ 为幂零矩阵($\boldsymbol{A}^k=\boldsymbol{O}$，$k$ 为正整数)，则 $\boldsymbol{A}$ 的特征值________.

2. 设 $\boldsymbol{A}$ 是 n 阶方阵，$|\boldsymbol{A}|=5$，则方阵 $\boldsymbol{B}=\boldsymbol{A}\boldsymbol{A}^*$ 的特征值是________，特征向量是________.

3. 设 $\boldsymbol{\alpha}=(a_1,a_2,\cdots,a_n)^{\mathrm{T}}$，$(a_1\neq 0,n>1)$，$\boldsymbol{A}=\boldsymbol{\alpha}\boldsymbol{\alpha}^{\mathrm{T}}$，求 $\boldsymbol{A}$ 的全部特征值和特征向量.

4. 已知向量 $\boldsymbol{\alpha}=\begin{bmatrix}1\\1\\1\end{bmatrix}$ 是矩阵 $\boldsymbol{A}=\begin{bmatrix}a&1&1\\2&0&1\\-1&2&2\end{bmatrix}$ 对应于特征值 l 的特征向量，试求 a 与 λ 的值.

5. 设向量 $\boldsymbol{\alpha}=\begin{bmatrix}1\\k\\1\end{bmatrix}$ 是矩阵 $\boldsymbol{A}=\begin{bmatrix}2&1&1\\1&2&1\\1&1&2\end{bmatrix}$ 的特征向量，试求常数 k 的值.

【解析】

1. 解：

设 λ 是 $\boldsymbol{A}$ 的特征值，对应的特征向量为 $\boldsymbol{\alpha}$，则 $\boldsymbol{A}\boldsymbol{\alpha}=\lambda\boldsymbol{\alpha}$.

因为 $\boldsymbol{A}^k=0$，k 为正整数，所以 $0=\boldsymbol{A}^k\boldsymbol{\alpha}=\lambda^k\boldsymbol{\alpha}$.

又 $\boldsymbol{\alpha}\neq 0$，所以 $\lambda^k=0$，即 $\lambda=0$. 从而 $\boldsymbol{A}$ 的特征值全为 0.

2. 解：

因为 $\boldsymbol{B}=\boldsymbol{A}\boldsymbol{A}^*=|\boldsymbol{A}|\boldsymbol{E}=5\boldsymbol{E}$，所以对任意的 n 维非零列向量，都有 $\boldsymbol{B}\boldsymbol{\alpha}=5\boldsymbol{\alpha}$，从而 $\boldsymbol{B}$ 的特征值是 5(n 重)，特征向量是任意 n 维非零列向量.

3. 解：

因为 $\boldsymbol{A}=\boldsymbol{\alpha}\boldsymbol{\alpha}^{\mathrm{T}}$，所以 $R(\boldsymbol{A})=1$，从而 $\lambda_1=\lambda_2=\cdots=\lambda_{n-1}=0$ 是 $\boldsymbol{A}$ 的特征值.

又 $\boldsymbol{A}=\boldsymbol{\alpha}\boldsymbol{\alpha}^{\mathrm{T}}\boldsymbol{\alpha}=(a_1^2+a_2^2+\cdots+a_n^2)\boldsymbol{\alpha}$，故 $\lambda_n=a_1^2+a_2^2+\cdots+a_n^2$ 是 $\boldsymbol{A}$ 的非零特征值.

当 $\lambda_1=\lambda_2=\cdots=\lambda_{n-1}=0$ 时，

$$\boldsymbol{A}=\begin{bmatrix} a_{11}^2 & a_1a_2 & \cdots & a_1a_n \\ a_2a_1 & a_{22}^2 & \cdots & a_2a_n \\ \vdots & \vdots & \ddots & \vdots \\ a_na_1 & a_na_2 & \cdots & a_{nn}^2 \end{bmatrix} \xrightarrow[\substack{-a_3r_1+r_3 \\ \vdots \\ -a_nr_1+r_n \\ r_1+\frac{1}{a_1}}]{\substack{r_1\times\frac{1}{a_1} \\ -a_2r_1+r_2}} \begin{bmatrix} 1 & \frac{a_2}{a_1} & \cdots & \frac{a_n}{a_1} \\ 0 & 0 & \cdots & 0 \\ \vdots & \vdots & \ddots & \vdots \\ 0 & 0 & \cdots & 0 \end{bmatrix},$$

从而 $\boldsymbol{Ax}=\boldsymbol{0}$ 的解为

$$\boldsymbol{x}=k_1\begin{bmatrix} -\frac{a_2}{a_1} \\ 1 \\ 0 \\ \vdots \\ 0 \end{bmatrix}+k_2\begin{bmatrix} -\frac{a_2}{a_1} \\ 0 \\ 1 \\ \vdots \\ 0 \end{bmatrix}+\cdots+k_{n-1}\begin{bmatrix} -\frac{a_n}{a_1} \\ 0 \\ 0 \\ \vdots \\ 1 \end{bmatrix},$$

故特征值为 $\lambda_1=\lambda_2=\cdots=\lambda_{n-1}=0$ 对应的特征向量分别为

$$\boldsymbol{x}=k_1\begin{bmatrix} -\frac{a_2}{a_1} \\ 1 \\ 0 \\ \vdots \\ 0 \end{bmatrix}+k_2\begin{bmatrix} -\frac{a_2}{a_1} \\ 0 \\ 1 \\ \vdots \\ 0 \end{bmatrix}+\cdots+k_{n-1}\begin{bmatrix} -\frac{a_n}{a_1} \\ 0 \\ 0 \\ \vdots \\ 1 \end{bmatrix},$$

其中，k_1,k_2,k_{n-1} 是任意不全为零的常数，$\boldsymbol{\alpha}=(a_1,a_2,\cdots,a_n)^{\mathrm{T}}$.

因此，特征值为 $\lambda_1=\lambda_2=\cdots=\lambda_{n-1}=0$ 和 $\lambda_n=a_1^2+a_2^2+\cdots+a_n^2$，对应的特征向量分别为

$$\boldsymbol{x}=k_1\begin{bmatrix} -\frac{a_2}{a_1} \\ 1 \\ 0 \\ \vdots \\ 0 \end{bmatrix}+k_2\begin{bmatrix} -\frac{a_2}{a_1} \\ 0 \\ 1 \\ \vdots \\ 0 \end{bmatrix}+\cdots+k_{n-1}\begin{bmatrix} -\frac{a_n}{a_1} \\ 0 \\ 0 \\ \vdots \\ 1 \end{bmatrix},$$

其中，k_1,k_2,k_{n-1} 是任意不全为零的常数，$\boldsymbol{\alpha}=(a_1,a_2,\cdots,a_n)^{\mathrm{T}}$.

4. 解：

因为 $\boldsymbol{A\alpha}=\lambda\boldsymbol{\alpha}$，即

$$\begin{bmatrix} a+2 \\ 3 \\ 3 \end{bmatrix}=\begin{bmatrix} \lambda \\ \lambda \\ \lambda \end{bmatrix},$$

所以 $\lambda=3$，$a=1$.

5．解：

设 $A\alpha=\lambda\alpha(\alpha\neq 0)$，则

$$\begin{bmatrix}2&1&1\\1&2&1\\1&1&2\end{bmatrix}\begin{bmatrix}1\\k\\1\end{bmatrix}=\lambda\begin{bmatrix}1\\k\\1\end{bmatrix}，即\begin{cases}k+3=\lambda\\2k+2=\lambda k\end{cases},$$

解得 $k=-2$ 或 1.

要点 2 常用结论★★

1．方阵的迹

（1）n 阶方阵 $A=(a_{ij})$ 主对角线上 n 个元素之和 $a_{11}+a_{22}+\cdots+a_{nn}$ 称为方阵 A 的迹，记为 $\mathrm{tr}(A)$，即 $\mathrm{tr}(A)=a_{11}+a_{22}+\cdots+a_{nn}$.

（2）设 $\lambda_1,\lambda_2,\cdots,\lambda_n$ 是 n 阶矩阵 A 的 n 个特征值，则

$$\begin{cases}|A|=\lambda_1\lambda_2\cdots\lambda_n\\\mathrm{tr}(A)=\lambda_1+\lambda_2+\cdots+\lambda_n\end{cases}.$$

2．特征向量的结论

（1）不同特征值对应的特征向量线性无关.

（2）不同特征值对应的线性无关的特征向量组拼在一起构成的向量组仍线性无关.

（3）k 重特征值最多对应 k 个线性无关的特征向量.

（4）特征值对应特征向量的非零线性组合仍是该特征值对应的特征向量.

（5）与 A 相关矩阵的特征值与特征向量如表 5－1 所列：

表 5－1

矩　阵	A	A^{T}	A^{-1}	A^{*}	$f(A)$	$P^{-1}AP$
特征值	λ	λ	λ^{-1}	$\lambda^{-1}\|A\|$	$f(\lambda)$	λ
特征向量	α	—	α	α	α	$P^{-1}\alpha$

注意：一般地，矩阵等式中可直接代入特征值运算求得特征值具体值.

3．秩为 1 的矩阵探究

（1）秩为 1 的矩阵 A 的一般特点：

① 每行元素成比例，即 $A=\begin{bmatrix}k_1\beta\\k_2\beta\\k_3\beta\\k_4\beta\end{bmatrix}$；

② 可以表示成两个向量的乘积，即 $A=\alpha\beta$.

比如：$A=\begin{bmatrix}1&1&2\\2&2&6\\3&3&9\end{bmatrix}$，$\alpha=(1,2,3)^{T}$，$\beta=(1,1,2)$，则 $A=\alpha\beta$.

(2) 秩为 1 的方阵 $\boldsymbol{A}$ 的一般特点：

① 满足(1)中的两个特点，有 $\boldsymbol{A}=\boldsymbol{\alpha\beta}$；且 $\sum_{i=1}^{n}a_{ii}=tr\boldsymbol{A}=\boldsymbol{\beta\alpha}$ ；

② 方阵 $\boldsymbol{A}$ 的一个特征值为它的迹，其余特征值为 0.

注意：秩为 1 的方阵 $\boldsymbol{A}$ 的 $\boldsymbol{A}^n=\boldsymbol{\alpha}(\boldsymbol{\beta\alpha})^{n-1}\boldsymbol{\beta}=tr\boldsymbol{A}\cdot\boldsymbol{\alpha\beta}=(tr\boldsymbol{A})\boldsymbol{A}$.

比如：$\boldsymbol{A}=\begin{bmatrix}1&1&2\\2&2&6\\3&3&9\end{bmatrix}$，$\boldsymbol{\alpha}=(1,2,3)^{\mathrm{T}}$，$\boldsymbol{\beta}=(1,1,2)$，故 $\boldsymbol{A}^n=11\boldsymbol{A}$.

4. 秩与特征值

不可逆(降秩)方阵必有 0 特征值；可逆(满秩)方阵特征值全非 0.

【举例】

1. n 阶可逆矩阵 $\boldsymbol{A}$ 的每行元素之和均为 a，则 $4\boldsymbol{A}^{-1}+\boldsymbol{E}$ 的一个特征值为____.

2. 设 4 阶实方阵 $\boldsymbol{A}$ 有两个不同的特征值，且满足条件，$\boldsymbol{AA}^{\mathrm{T}}=2\boldsymbol{E}$，$|\boldsymbol{A}|<0$，求 $\boldsymbol{A}^*$ 的两个特征值.

3. 设实方阵 $\boldsymbol{A}$ 满足 $\boldsymbol{A}^{\mathrm{T}}\boldsymbol{A}=\boldsymbol{E}$，求 $\boldsymbol{A}$ 的特征值的绝对值.

4. 设 n 阶矩阵 $\boldsymbol{A}$ 满足 $\boldsymbol{A}^2=\boldsymbol{E}$. 试证：$\boldsymbol{A}$ 的特征值只能是 1 或 −1；如果 $\boldsymbol{A}$ 的特征值全是 1，则必有 $\boldsymbol{A}=\boldsymbol{E}$.

【解析】

1. 解：

$\boldsymbol{A}$ 的每行元素之和均为 a，故

$$\boldsymbol{A}\begin{bmatrix}1\\1\\\vdots\\1\end{bmatrix}=a\begin{bmatrix}1\\1\\\vdots\\1\end{bmatrix},$$

从而 a 是 $\boldsymbol{A}$ 的一个特征值.

于是，$4\boldsymbol{A}^{-1}+\boldsymbol{E}$ 的一个特征值为 $4a^{-1}+1$.

2. 解：

因为 $\boldsymbol{AA}^{\mathrm{T}}=2\boldsymbol{E}$，所以 $\boldsymbol{A}^{-1}=\frac{1}{2}\boldsymbol{A}^{\mathrm{T}}$. 设 $\boldsymbol{A}$ 的特征值为 λ，则 $\boldsymbol{A}^{-1}$ 的特征值为 λ^{-1}，$\boldsymbol{A}^{\mathrm{T}}$ 的特征值为 λ，于是 $\lambda^{-1}=\frac{1}{2}\lambda$，解得 $\lambda=\pm\sqrt{2}$.

对 $\boldsymbol{AA}^{\mathrm{T}}=2\boldsymbol{E}$ 两边取行列式得 $|\boldsymbol{A}|^2=16$，又 $|\boldsymbol{A}|<0$，故 $|\boldsymbol{A}|=-4$，从而 $\boldsymbol{A}^*$ 的特征值为

$$\frac{|\boldsymbol{A}|}{\lambda}=\frac{-4}{\pm\sqrt{2}}=\mp 2\sqrt{2}.$$

3. 解：

设 $\boldsymbol{A}$ 有特征值 λ，对应的特征向量为 $\boldsymbol{\alpha}$，则 $\boldsymbol{A\alpha}=\lambda\boldsymbol{\alpha}$，于是 $\boldsymbol{\alpha}^{\mathrm{T}}\boldsymbol{A}^{\mathrm{T}}=\lambda\boldsymbol{\alpha}^{\mathrm{T}}$.

由此得 $\boldsymbol{\alpha}^{\mathrm{T}}\boldsymbol{A}^{\mathrm{T}}\boldsymbol{A}\boldsymbol{\alpha}=\lambda^2\boldsymbol{\alpha}^{\mathrm{T}}\boldsymbol{\alpha}$，又 $\boldsymbol{A}\boldsymbol{A}^{\mathrm{T}}=\boldsymbol{E}$，故 $\boldsymbol{\alpha}^{\mathrm{T}}\boldsymbol{\alpha}=\lambda^2\boldsymbol{\alpha}^{\mathrm{T}}\boldsymbol{\alpha}$，即 $\lambda^2-1=0$，解得 $|\lambda|=1$.

4. 证明：

设 λ 是 $\boldsymbol{A}$ 的任意一个特征值，则 λ^2 是 $\boldsymbol{A}^2$ 的特征值，而 $\boldsymbol{A}^2=\boldsymbol{E}$，故其特征值全是 1，故 $\lambda^2=1$，也即 $\lambda=-1$ 或 $\lambda=1$.

再由 λ 的任意性知，$\boldsymbol{A}$ 的特征值只能是 1 或 -1.

如果 $\boldsymbol{A}$ 的特征值全是 1，则 -1 不是 $\boldsymbol{A}$ 的特征值，故

$$|-\boldsymbol{E}-\boldsymbol{A}|=(-1)^n|\boldsymbol{E}+\boldsymbol{A}|\neq 0,$$

也即 $|\boldsymbol{E}+\boldsymbol{A}|\neq 0$，故 $E+A$ 可逆.

又因为 $(\boldsymbol{E}+\boldsymbol{A})(\boldsymbol{E}-\boldsymbol{A})=\boldsymbol{E}-\boldsymbol{A}^2=\boldsymbol{O}$，所以 $\boldsymbol{E}-\boldsymbol{A}=\boldsymbol{O}$，故 $\boldsymbol{A}=\boldsymbol{E}$.

证明 $\boldsymbol{E}+\boldsymbol{A}$ 可逆也可如下：

设 λ 为 $\boldsymbol{E}+\boldsymbol{A}$ 任一的特征值，则 $\lambda-1$ 为 $\boldsymbol{A}$ 的特征值，而 $\boldsymbol{A}$ 的特征值全是 1，因此 $\lambda=2$.

由 λ 的任意性可知，$\boldsymbol{E}+\boldsymbol{A}$ 的特征值全是 2，故 $\boldsymbol{E}+\boldsymbol{A}$ 可逆.

【证毕】

要点 3　求特征值和特征向量的方法★★★

1. 具体步骤

(1) 计算特征多项式 $|\lambda\boldsymbol{E}-\boldsymbol{A}|$；

(2) 解特征方程 $|\lambda\boldsymbol{E}-\boldsymbol{A}|=0$ 得方阵 $\boldsymbol{A}$ 的全部互异特征值 $\lambda_1,\lambda_2,\cdots,\lambda_t$；

(3) 对于 $\boldsymbol{A}$ 的每个特征值 $\lambda_i(i=1,2,\cdots,t)$，求齐次线性方程组 $(\lambda_i\boldsymbol{E}-\boldsymbol{A})\boldsymbol{x}=0$ 的基础解系 $\boldsymbol{\alpha}_1,\boldsymbol{\alpha}_2,\cdots,\boldsymbol{\alpha}_s$，它们就是 $\boldsymbol{A}$ 的对应于特征值 λ_i 的线性无关的特征向量，从而 $\boldsymbol{A}$ 的对应于 λ_i 的全部特征向量可表示为 $k_1\boldsymbol{\alpha}_1+k_2\boldsymbol{\alpha}_2+\cdots+k_s\boldsymbol{\alpha}_s$，$k_1,k_2,\cdots,k_s$ 是不全为零的任意实数.

2. 三阶矩阵求特征值的小技巧

一般地，$|\lambda\boldsymbol{E}-\boldsymbol{A}|$ 存在第 i 行(列)采用消法变换可将第 j 行(列)的某个数消为 0 的情况，此时第 j 行(列)的另外两个元素成比例，消去其中一个即可. 因此，关键是找到这个第 i 行(列).

【举例】

1. 若 $\boldsymbol{A}=\begin{bmatrix}4&5&t\\-2&-2&1\\-1&-1&1\end{bmatrix}$ 只有一个线性无关的特征向量，则 $t=$________.

2. 已知向量 $\boldsymbol{\alpha}=(1,3,2)^{\mathrm{T}}$，$\boldsymbol{\beta}=(0,1,\ \ 1)^{\mathrm{T}}$，矩阵 $\boldsymbol{A}=2\boldsymbol{\beta}\boldsymbol{\alpha}^{\mathrm{T}}+\boldsymbol{E}$，则矩阵 $\boldsymbol{A}$ 的最大特征值对应的特征向量是(　).

A. $\boldsymbol{\alpha}$　　B. $\boldsymbol{\beta}$　　C. $\boldsymbol{\alpha}+\boldsymbol{\beta}$　　D. $\boldsymbol{\alpha}-\boldsymbol{\beta}$

3. 求下列矩阵的特征值与特征向量：

(1) $A=\begin{bmatrix}0&0&2\\0&2&0\\2&0&0\end{bmatrix}$；　　(2) $B=\begin{bmatrix}4&6&0\\-3&-5&0\\-3&-6&1\end{bmatrix}$.

【解析】

1. 解：

方法一　特征值法

因为三阶矩阵 A 仅有一个线性无关的特征向量，所以 A 仅有一个三重特征值 λ，不妨设为 a，则

$$|\lambda E-A|=\begin{vmatrix}\lambda-4&-5&-t\\2&\lambda+2&-1\\1&1&\lambda-1\end{vmatrix}=0,$$

即

$$\lambda^3-3\lambda^2+(5+t)\lambda-1=(\lambda-a)^3=\lambda^3-3a\lambda^2+3a^2\lambda-a^3,$$

由待定系数法 $\begin{cases}a=1\\5+t=3\end{cases}$，即 $t=-2$.

方法二　迹的关系法

三阶矩阵 A 仅有一个线性无关的特征向量，故 A 仅有一个三重特征值 λ，由题 $\mathrm{tr}(A)=3\lambda$，即 $4-2+1=3\lambda$，从而 $\lambda=1$.

于是，$|E-A|=\begin{vmatrix}-3&-5&-t\\2&3&-1\\1&1&0\end{vmatrix}=t+2=0$，即 $t=-2$.

2. 解：

方法一　假设对比法

设 λ 为 A 的一特征值，x 为其对应的特向量，则 $Ax=\lambda x$. 从而

$$(2\beta\alpha^T+E)x=\lambda x\text{，即 }2(\alpha^Tx)\beta=(\lambda-1)x.$$

当 $\lambda=1$ 时，$\alpha^Tx=0$.

当 $\lambda\neq1$ 时，不妨设 $x=\beta$，则 $\alpha^Tx=\alpha^T\beta=1$，从而 $\lambda-1=2$，即 $\lambda=3$.

综上，A 的最大特征值为 3，其对应的特征向量为 β.

方法二　基本求解法

由题和 $A=2\beta\alpha^T+E=\begin{bmatrix}1&0&0\\2&7&4\\-2&-6&-3\end{bmatrix}$，则

$$|\lambda E-A|=\begin{vmatrix}\lambda-1&0&0\\-2&\lambda-7&-4\\2&6&\lambda+3\end{vmatrix}=(\lambda-1)^2(\lambda-3)=0,$$

解得 $\lambda_1=\lambda_2=1,\lambda_3=3$.

当 $\lambda=3$ 时，由

$$3\boldsymbol{E}-\boldsymbol{A}=\begin{bmatrix}2&0&0\\-2&-4&-4\\2&6&6\end{bmatrix}\xrightarrow[\substack{r_1\times\frac{1}{2}\\ r_2\times\left(-\frac{1}{4}\right)\\ -6r_2+r_3}]{\substack{r_1+r_2\\ -r_1+r_3}}\begin{bmatrix}1&0&0\\0&1&1\\0&0&0\end{bmatrix}$$

可解 $(3\boldsymbol{E}-\boldsymbol{A})\boldsymbol{x}=\boldsymbol{0}$ 得

$$\boldsymbol{x}=k(0,1,-1)^3,k\ 为任意非零常数.$$

于是，$\boldsymbol{A}$ 的最大特征值为 3，对应的特征向量为 $\boldsymbol{\beta}$.

方法三　特征值的性质法

因为 $\boldsymbol{\beta\alpha}^{\mathrm{T}}=\begin{bmatrix}0&0&0\\1&3&2\\-1&-3&-2\end{bmatrix}$，故 $R(\boldsymbol{\beta\alpha}^{\mathrm{T}})=1$. 又 $\boldsymbol{\beta\alpha}^{\mathrm{T}}\boldsymbol{\beta}=\boldsymbol{\beta}$，则 1 是 $\boldsymbol{\beta\alpha}^{\mathrm{T}}$ 的特征值，从而 $\boldsymbol{\beta\alpha}^{\mathrm{T}}$ 的特征值为 1，0，0，则 $\boldsymbol{A}=2\boldsymbol{\beta\alpha}^{\mathrm{T}}+\boldsymbol{E}$ 的特征值为 3，1，1.

因此，$\boldsymbol{A\beta}=(2\boldsymbol{\beta\alpha}^{\mathrm{T}}+\boldsymbol{E})\boldsymbol{\beta}=3\boldsymbol{\beta}$，故 $\boldsymbol{A}$ 的最大特征值为 3，对应的特征向量是 $\boldsymbol{\beta}$.

因此，应选 B.

3. 解：

(1) 由 $|\lambda\boldsymbol{E}-\boldsymbol{A}|=\begin{vmatrix}\lambda&0&-2\\0&\lambda-2&0\\-2&0&\lambda\end{vmatrix}=(\lambda-2)^2(\lambda+2)=0$，得 $\boldsymbol{A}$ 的特征值为 $\lambda_1=2$（二重），$\lambda_2=-2$.

对 $\lambda_1=2$，解齐次线性方程组 $(\lambda_1\boldsymbol{E}-\boldsymbol{A})\boldsymbol{x}=0$，得基础解系

$$\boldsymbol{\xi}_1=(0,1,0)^{\mathrm{T}},\boldsymbol{\xi}_2=(1,0,1)^{\mathrm{T}},$$

故 $\boldsymbol{A}$ 对应于特征值 $\lambda_1=2$ 的全部特征向量为

$$k_1\boldsymbol{\xi}_1+k_2\boldsymbol{\xi}_2=k_1\begin{bmatrix}0\\1\\0\end{bmatrix}+k_2\begin{bmatrix}1\\0\\1\end{bmatrix}\ (k_1,k_2\ 为不全为零的任意实数).$$

对 $\lambda_1=-2$，解齐次线性方程组 $(\lambda_2\boldsymbol{E}-\boldsymbol{A})\boldsymbol{x}=0$，得基础解系

$$\boldsymbol{\xi}_3=(1,0,-1)^{\mathrm{T}},$$

故 $\boldsymbol{A}$ 对应于特征值 $\lambda_1=-2$ 的全部特征向量为

$$k_3\boldsymbol{\xi}_3=k_3\begin{bmatrix}1\\0\\-1\end{bmatrix}\ (k_3\ 为任意非零实数).$$

(2) 由 $|\lambda\boldsymbol{E}-\boldsymbol{B}|=\begin{vmatrix}\lambda-4&-6&0\\3&\lambda+5&0\\3&6&\lambda-1\end{vmatrix}=(\lambda+2)(\lambda-1)^2=0$，得 $\boldsymbol{B}$ 的特征值为 $\lambda_1=-2$，$\lambda_2=1$（二重）.

对 $\lambda_1=-2$，解齐次线性方程组 $(\lambda_1\boldsymbol{E}-\boldsymbol{B})\boldsymbol{x}=0$，得基础解系

$$\boldsymbol{\xi}_1=(1,-1,-1)^{\mathrm{T}},$$

故 $\boldsymbol{B}$ 对应于特征值 $\lambda_1=-2$ 的全部特征向量为

$$k_1\boldsymbol{\xi}_1=k_1\begin{bmatrix}1\\-1\\-1\end{bmatrix}\ (k_1\ 为任意非零实数).$$

对 $\lambda_2=1$，解齐次线性方程组 $(\lambda_2\boldsymbol{E}-\boldsymbol{B})\boldsymbol{x}=0$，得基础解系

$$\boldsymbol{\xi}_2=(2,-1,0)^{\mathrm{T}},\boldsymbol{\xi}_3=(0,0,1)^{\mathrm{T}},$$

故 $\boldsymbol{B}$ 对应于特征值 $\lambda_2=1$ 的全部特征向量为

$$k_2\boldsymbol{\xi}_2+k_3\boldsymbol{\xi}_3=k_2\begin{bmatrix}2\\-1\\0\end{bmatrix}+k_3\begin{bmatrix}0\\0\\1\end{bmatrix}\ (k_2,k_3\ 为不全为零的任意常数).$$

§2 相似对角化

要点 1 相似矩阵★★

1. 概　念

设 $\boldsymbol{A},\boldsymbol{B}$ 都是 n 阶矩阵，若存在可逆矩阵 $\boldsymbol{P}$，使 $\boldsymbol{P}^{-1}\boldsymbol{A}\boldsymbol{P}=\boldsymbol{B}$，则称矩阵 $\boldsymbol{A}$ 相似于矩阵 $\boldsymbol{B}$（或称 $\boldsymbol{A}$ 与 $\boldsymbol{B}$ 相似），记作 $\boldsymbol{A}\sim\boldsymbol{B}$. 称对方阵 $\boldsymbol{A}$ 的运算 $\boldsymbol{P}^{-1}\boldsymbol{A}\boldsymbol{P}$ 为对 $\boldsymbol{A}$ 的相似变换，并称可逆矩阵 $\boldsymbol{P}$ 为相似因子，或相似变换矩阵.

2. 定性性质

(1) 若 $\boldsymbol{A}\sim\boldsymbol{B},\boldsymbol{B}\sim\boldsymbol{C}$，则 $\boldsymbol{A}\sim\boldsymbol{C}$.（传递性）

(2) 若 $\boldsymbol{A}\sim\boldsymbol{B}$，则

① $\boldsymbol{A}^{\mathrm{T}}\sim\boldsymbol{B}^{\mathrm{T}}$；

② $(\lambda\boldsymbol{E}-\boldsymbol{A})\sim(\lambda\boldsymbol{E}-\boldsymbol{B})$；

③ 对于任意多项式 $f(x)$，必有 $f(\boldsymbol{A})\sim(\boldsymbol{B})$.

(3) 若 $\boldsymbol{A}\sim\boldsymbol{B}$，且 $\boldsymbol{A}$ 可逆，则 $\boldsymbol{B}$ 可逆，且 $\boldsymbol{A}^{-1}\sim\boldsymbol{B}^{-1}$.

3. 定量性质

(1) 若 $\boldsymbol{A}\sim\boldsymbol{B}$，则

① $|\boldsymbol{A}|=|\boldsymbol{B}|$；

② $|\lambda\boldsymbol{E}-\boldsymbol{A}|=|\lambda\boldsymbol{E}-\boldsymbol{B}|$；

③ $R(\boldsymbol{A})=R(\boldsymbol{B})$.

(2) 若 $\boldsymbol{A}\sim\boldsymbol{B}$，则 $\boldsymbol{A}$ 与 $\boldsymbol{B}$ 的特征值相同.

(3) 若 $\boldsymbol{A}\sim\boldsymbol{\Lambda}=\begin{bmatrix}\lambda_1 & & & \\ & \lambda_2 & & \\ & & \ddots & \\ & & & \lambda_n\end{bmatrix}$，则 $\lambda_1,\lambda_2,\cdots,\lambda_n$ 是 $\boldsymbol{A}$ 的 n 个特征值.

【举例】

1. 三阶矩阵 $\boldsymbol{A}$ 的特征值为 1,2,3，矩阵 $\boldsymbol{B}\sim\frac{1}{2}\boldsymbol{A}^*+3\boldsymbol{E}$，试求 $\boldsymbol{B}$ 的特征值.

2. 设 4 阶方阵 $\boldsymbol{A}$ 相似 $\boldsymbol{B}$，且 $\boldsymbol{A}$ 的特征值为 $\frac{1}{2},\frac{1}{3},\frac{1}{4},\frac{1}{5}$ 则 $|\boldsymbol{B}^{-1}-\boldsymbol{E}|=$______.

3. 设矩阵 $\boldsymbol{B}=\begin{bmatrix}0 & 0 & 1\\ 0 & 1 & 0\\ 1 & 0 & 0\end{bmatrix}$ 相似 $\boldsymbol{A}$，则 $R(\boldsymbol{A}-2\boldsymbol{E})+R(\boldsymbol{A}-\boldsymbol{E})=$(　).

A. 2　　B. 3　　C. 4　　D. 5

【解析】

1. 解：

由题得 $|\boldsymbol{A}|=1\times2\times3=6$，故 $\boldsymbol{A}$ 可逆，且 $\boldsymbol{A}^{-1}$ 的特征值为 $1,\frac{1}{2},\frac{1}{3}$.

再由 $\boldsymbol{A}\boldsymbol{A}^*=|\boldsymbol{A}|\boldsymbol{E}$ 知，$\boldsymbol{A}^*=|\boldsymbol{A}|\boldsymbol{A}^{-1}=6\boldsymbol{A}^{-1}$，故 $\boldsymbol{A}^*$ 的特征值为 6,3,2，从而 $\frac{1}{2}\boldsymbol{A}^*+3\boldsymbol{E}$ 的特征值为 $6,\frac{9}{2},4$.

又 $\boldsymbol{B}\sim\frac{1}{2}\boldsymbol{A}^*+3\boldsymbol{E}$，故 $\boldsymbol{B}$ 的特征值为 6.

2. 解：

因为 $\boldsymbol{A}\sim\boldsymbol{B}$，所以 $\boldsymbol{B}$ 与 $\boldsymbol{A}$ 的特征值相同，即 $\boldsymbol{B}$ 的特征值为 $\frac{1}{2},\frac{1}{3},\frac{1}{4},\frac{1}{5}$，故 $\boldsymbol{B}^{-1}$ 的特征值为 2,3,4,5，从而 $\boldsymbol{B}^{-1}-\boldsymbol{E}$ 的特征值为 1,2,3,4.

于是，$|\boldsymbol{B}^{-1}-\boldsymbol{E}|=1\times2\times3\times4=24$.

因此，应填 24.

3. 解：

由 $|\lambda\boldsymbol{E}-\boldsymbol{B}|=\begin{vmatrix}\lambda & 0 & -1\\ 0 & \lambda-1 & 0\\ -1 & 0 & \lambda\end{vmatrix}=(\lambda-1)^2(\lambda+1)=0$，得 B 的特征值为 $\lambda_1=\lambda_2=1$，$\lambda_3=-1$.

又 $\boldsymbol{B}\sim\boldsymbol{\Lambda}$，故 $\boldsymbol{A}$ 的特征值为 1,1,−1，从而 $\boldsymbol{A}-2\boldsymbol{E}$ 的特征值为 −1,−1,3，$\boldsymbol{A}-\boldsymbol{E}$ 的特征值为 0,0,−2. 则 $R(\boldsymbol{A}-2\boldsymbol{E})=3$，$R(\boldsymbol{A}-\boldsymbol{E})=1$，故 $R(\boldsymbol{A}-2\boldsymbol{E})+R(\boldsymbol{A}-\boldsymbol{E})=4$.

因此，应选 C.

要点 2 方阵的相似对角化★★★

1. 可对角化的概念

若方阵 $\boldsymbol{A}$ 与某一对角矩阵相似，则称 $\boldsymbol{A}$ 可相似对角化，简称可对角化，亦称 $\boldsymbol{A}$ 为可对角化矩阵.

2. 可相似对角化的条件

(1) 充要条件：

① n 阶矩阵 $\boldsymbol{A}$ 可相似对角化 $\Leftrightarrow \boldsymbol{A}$ 有 n 个线性无关的特征向量.

② n 阶矩阵 $\boldsymbol{A}$ 有 t 个互异的特征值 $\lambda_1,\lambda_2,\cdots,\lambda_t$，$\lambda_i(i=1,2,\cdots,t)$ 是 $\boldsymbol{A}$ 的 n_i 重特征值，且 $n_1+n_2+\cdots+n_t=n$，则 $\boldsymbol{A}$ 相似对角化 $\Leftrightarrow \boldsymbol{A}$ 对应于每个特征值 $\lambda_i(i=1,2,\cdots,t)$ 恰有 n_i 个线性无关的特征向量.

③ 在②的基础上，$\boldsymbol{A}\sim\boldsymbol{\Lambda}\Leftrightarrow R(\lambda_i\boldsymbol{E}-\boldsymbol{A})=n-n_i(i=1,2,\cdots,t)$. 三阶方阵 $\boldsymbol{A}$（有单特征值 λ_1 和二重特征值 λ_2）可相似对角化 $\Leftrightarrow R(\lambda_2\boldsymbol{E}-\boldsymbol{A})=n-2=1$.

(2) 充分条件：若 n 阶矩阵 $\boldsymbol{A}$ 有 n 个互异的特征值，则 $\boldsymbol{A}$ 必可相似对角化.

【举例】

1. 若 λ 是 n 阶方阵 $\boldsymbol{A}$ 的特征方程的单根，则 $R(\boldsymbol{A}-\lambda\boldsymbol{E})=$________.

2. 设 3 阶方阵 $\boldsymbol{A}$ 有特征值 $0,-1,1$，其对应的特征向量为 $\boldsymbol{P}_1,\boldsymbol{P}_2,\boldsymbol{P}_3$。令 $P=(\boldsymbol{P}_1,\boldsymbol{P}_2,\boldsymbol{P}_3)$，则 $\boldsymbol{P}^{-1}\boldsymbol{AP}=$（ ）.

A. $\begin{bmatrix}1&0&0\\0&-1&0\\0&0&2\end{bmatrix}$　B. $\begin{bmatrix}0&0&0\\0&-1&0\\0&0&1\end{bmatrix}$　C. $\begin{bmatrix}1&0&0\\0&1&0\\0&0&-1\end{bmatrix}$　D. $\begin{bmatrix}1&0&0\\0&0&0\\0&0&-1\end{bmatrix}$

3. 与矩阵 $\boldsymbol{A}=\begin{bmatrix}1&0&0\\0&1&0\\0&0&2\end{bmatrix}$ 相似的矩阵是（ ）.

A. $\begin{bmatrix}1&1&0\\0&1&0\\0&0&2\end{bmatrix}$　B. $\begin{bmatrix}1&0&0\\0&2&1\\0&0&1\end{bmatrix}$　C. $\begin{bmatrix}1&0&1\\0&2&0\\0&0&1\end{bmatrix}$　D. $\begin{bmatrix}1&1&0\\0&1&1\\0&0&2\end{bmatrix}$

4. 设 $\boldsymbol{A}$ 为 2 阶矩阵，$\boldsymbol{P}=(\boldsymbol{\alpha},\boldsymbol{A\alpha})$，其中 $\boldsymbol{\alpha}$ 是非零向量且不是 $\boldsymbol{A}$ 的特征向量.

(1) 证明 $\boldsymbol{P}$ 为可逆矩阵；

(2) 若 $\boldsymbol{A}^2\boldsymbol{\alpha}+\boldsymbol{A\alpha}-6\boldsymbol{\alpha}=\boldsymbol{0}$，求 $\boldsymbol{P}^{-1}\boldsymbol{AP}$，并判断 $\boldsymbol{A}$ 是否相似于对角矩阵.

5. 设 3 阶方阵 $\boldsymbol{A}$ 的特征值为 $1,-2,3$，矩阵 $\boldsymbol{B}=\boldsymbol{A}^2-2\boldsymbol{A}$，

(1) 求 $\boldsymbol{B}$ 的特征值；

(2) $\boldsymbol{B}$ 是否可对角化，若可以，试写出其相似对角形矩阵；

(3) 求 $|\boldsymbol{B}|$，$|\boldsymbol{A}-2\boldsymbol{E}|$.

6. 设有 3 阶方阵 $\boldsymbol{A}$ 满足 $\boldsymbol{A}^3-5\boldsymbol{A}^2+6\boldsymbol{A}=\boldsymbol{O}$，且 $\mathrm{tr}(\boldsymbol{A})=5$，$|\boldsymbol{A}|=0$，试求 $\boldsymbol{A}$ 的特征值，并判定 $\boldsymbol{A}$ 能否相似于对角矩阵，若能，求出相似的对角矩阵.

7. 设 $A=\begin{bmatrix}2&0&0\\0&a&2\\0&2&3\end{bmatrix}$ 与 $B=\begin{bmatrix}1&0&0\\0&2&0\\0&0&b\end{bmatrix}$ 相似，

(1) 求 a,b；

(2) 求一个可逆矩阵 C，使 $C^{-1}AC=B$.

8. 设三阶矩阵 A 满足 $A\alpha_i=i\alpha_i(i=1,2,3)$，其中列向量 $\alpha_1=(1,2,2)^T$，$\alpha_2=(2,-2,1)^T$，$\alpha_3=(-2,-1,2)^T$，试求矩阵 A.

9. 设 n 阶方阵 A 满足 $A^2-3A+2E=O$. 证明：A 相似于一个对角矩阵.

【解析】

1. 解：

因为 λ 是 A 的特征方程的单根，所以 λ 对应一个线性无关的特征向量，从而 $R(A-\lambda E)=n-1$.

因此，应填 $n-1$.

2. 解：

因为 $P=(P_1,P_2,P_3)$，所以 P 是可逆矩阵，则 $P^{-1}AP$ 中主对角元的顺序为 $\lambda_1,\lambda_2,\lambda_3$，即 $0,-1,1$.

因此，应选 B.

3. 解：

设四个选项中的矩阵，分别为 A,B,C,D，它们与 Λ 的特征值都是 1,1,2.

某个 3 阶矩阵要与 Λ 相似，则其二重特征值 1 应恰好对应两个线性无关的特征向量，也即其特征矩阵的秩为 1. 又

$$E-A=\begin{bmatrix}0&-1&0\\0&0&0\\0&0&-1\end{bmatrix},\quad E-B=\begin{bmatrix}0&0&0\\0&-1&-1\\0&0&0\end{bmatrix},$$

$$E-C=\begin{bmatrix}0&0&-1\\0&-1&0\\0&0&0\end{bmatrix},\quad E-D=\begin{bmatrix}0&-1&0\\0&0&-1\\0&0&-1\end{bmatrix},$$

从而 $R(E-A)=2,R(E-B)=1,R(E-C)=2,R(E-D)=2$，故仅有 $B\sim\Lambda$.

因此，应选 B.

4. 解：

(1) 因为 A 是 2 阶矩阵，且 $P=(\alpha,A\alpha)$，所以 P 也是二阶矩阵.

因为 $\alpha\neq 0$ 且 $A\alpha\neq\lambda\alpha$（α 是任意常数），所以 α 与 $A\alpha$ 线性无关，故 P 是可逆矩阵.

(2) 由 $A^2\alpha+A\alpha-6\alpha=0$ 得 $A^2\alpha=6\alpha-A\alpha$，故

$$AP=A(\alpha,A\alpha)=(A\alpha,A^2\alpha)=(A\alpha,6\alpha-A\alpha)$$

$$=(\alpha,A\alpha)\begin{bmatrix}0&6\\1&-1\end{bmatrix}=P\begin{bmatrix}0&6\\1&-1\end{bmatrix},$$

从而

$$P^{-1}AP=P^{-1}P\begin{bmatrix}0&6\\1&-1\end{bmatrix}=\begin{bmatrix}0&6\\1&-1\end{bmatrix}.$$

由 $A^2\alpha+A\alpha-6\alpha=0$ 得 $(A^2+A-6E)\alpha=\mathbf{0}$，即

$$(A+3E)(A-2E)\alpha=0.$$

显然，$(A^2+A-6E)\alpha=\mathbf{0}$ 关于 α 有非零解，故

$$|(A+3E)(A-2E)|=0,\text{即}|A+3E|=0\text{ 或 }|A-2E|=0.$$

若 $|A+3E|\neq0$，则有 $(A-2E)\alpha=\mathbf{0}$，即 $A\alpha=2\alpha$，产生矛盾，故 $|A+3E|=0$. 同理得 $|A-2E|=0$.

于是，A 有特征值 $\lambda_1=-3,\lambda_2=2$，即二阶矩阵 A 有两个不同的特征值，故 A 可对角化.

5. 解：

(1) 当 A 的特征值为 $1,-2,3$ 时，由于 $B=A^2-2A$，故 B 的特征值为 $-1,8,3$.

(2) 因为 B 有三个互异特征值，所以 B 可对角化，且

$$B\sim\Lambda=\begin{bmatrix}-1&0&0\\0&8&0\\0&0&3\end{bmatrix}.$$

(3) 因 B 的特征值为 $-1,8,3$，故 $|B|=-1\times8\times3=-24$；

又 $A-2E$ 的特征值为 $-1,-4,1$，故 $|A-2E|=-1\times(-4)\times1=4$.

6. 解：

设 A 的特征值为 λ，则 A^3-5A^2+6A 的特征值为 $\lambda^3-5\lambda^2+6\lambda$.

又 $A^3-5A^2+6A=0$，故由 $\lambda^3-5\lambda^2+6\lambda=0$ 解得 $\lambda=0,2,3$.

由于 $\mathrm{tr}(A)=5$，$|A|=0$，所以 A 的特征值为 $0,2,3$.

由于 A 的特征值互异，故 A 能相似于对角矩阵，且 $A\sim\begin{bmatrix}0&0&0\\0&2&0\\0&0&3\end{bmatrix}$.

7. 解：

(1) 因为 $A\sim B$，所以 $\begin{cases}|A|=|B|\\\mathrm{tr}(A)=\mathrm{tr}(B)\end{cases}$，即

$$\begin{cases}\begin{vmatrix}2&0&0\\0&a&2\\0&2&3\end{vmatrix}=\begin{vmatrix}1&0&0\\0&2&0\\0&0&b\end{vmatrix},\\2+a+3=1+2+b\end{cases}$$

$$\Rightarrow\quad\begin{cases}6a-8=2b\\a+5=b+3\end{cases},\text{解得}\begin{cases}a=3\\b=5\end{cases}.$$

(2) 由(1)得，$A=\begin{bmatrix}2&0&0\\0&3&2\\0&2&3\end{bmatrix}$，$B=\begin{bmatrix}1&0&0\\0&2&0\\0&0&5\end{bmatrix}$，故 A 的特征值 $\lambda=1,2,5$.

当 $\lambda=1$ 时,

$$(\boldsymbol{E}-\boldsymbol{A})\boldsymbol{x}=\boldsymbol{0},\boldsymbol{E}-\boldsymbol{A}=\begin{bmatrix}-1&0&0\\0&-2&-2\\0&-2&-2\end{bmatrix}\to\begin{bmatrix}1&0&0\\0&1&1\\0&0&0\end{bmatrix},$$

得 $\boldsymbol{\alpha}_1=(0,1,-1)^{\mathrm{T}}$ 是 $\boldsymbol{A}$ 对应于 $\lambda=1$ 的一个特征向量.

当 $\lambda=2$ 时,

$$(2\boldsymbol{E}-\boldsymbol{A})\boldsymbol{x}=\boldsymbol{0},2\boldsymbol{E}-\boldsymbol{A}=\begin{bmatrix}0&0&0\\-2&-1&-2\\0&0&-1\end{bmatrix}\to\begin{bmatrix}0&0&0\\0&1&0\\0&0&1\end{bmatrix},$$

得 $\boldsymbol{\alpha}_2=(1,0,0)^{\mathrm{T}}$ 是 $\boldsymbol{A}$ 对应于 $\lambda=2$ 的一个特征向量.

当 $\lambda=5$ 时,

$$(5\boldsymbol{E}-\boldsymbol{A})\boldsymbol{x}=\boldsymbol{0},5\boldsymbol{E}-\boldsymbol{A}=\begin{bmatrix}3&0&0\\0&2&-2\\0&-2&2\end{bmatrix}\to\begin{bmatrix}1&0&0\\0&1&-1\\0&0&0\end{bmatrix},$$

得 $\boldsymbol{\alpha}_3=(0,1,1)^{\mathrm{T}}$ 是 $\boldsymbol{A}$ 对应于 $\lambda=5$ 的一个特征向量.

从而所求可逆矩阵 $\boldsymbol{C}=(\boldsymbol{\alpha}_1,\boldsymbol{\alpha}_2,\boldsymbol{\alpha}_3)=\begin{bmatrix}0&1&0\\1&0&1\\-1&0&1\end{bmatrix}$.

8. 解:

由题 $\boldsymbol{A}$ 的特征值为 1,2,3,对应的特征向量为

$$\begin{cases}\boldsymbol{\alpha}_1=(1,2,2)^{\mathrm{T}},\\\boldsymbol{\alpha}_2=(2,-2,1)^{\mathrm{T}},\\\boldsymbol{\alpha}_3=(-2,-1,2)^{\mathrm{T}}\end{cases}.$$

令 $\boldsymbol{P}=(\boldsymbol{\alpha}_1,\boldsymbol{\alpha}_2,\boldsymbol{\alpha}_3),\boldsymbol{\Lambda}=\begin{bmatrix}1&0&0\\0&2&0\\0&0&3\end{bmatrix}$,则 $\boldsymbol{P}^{-1}\boldsymbol{AP}=\boldsymbol{\Lambda}$,且

$$\boldsymbol{P}^{-1}=\begin{bmatrix}1&2&-2\\2&-2&-1\\2&1&2\end{bmatrix}^{-1}=\begin{bmatrix}1&2&2\\2&-2&1\\-2&-1&2\end{bmatrix},$$

从而 $\boldsymbol{A}=\boldsymbol{P\Lambda P}^{-1}=\dfrac{1}{3}\begin{bmatrix}7&0&-2\\0&5&-2\\-2&-2&6\end{bmatrix}$.

9. 证明:

由 $\boldsymbol{A}^2-3\boldsymbol{A}+2\boldsymbol{E}=\boldsymbol{0}\Rightarrow(\boldsymbol{A}-\boldsymbol{E})(\boldsymbol{A}-2\boldsymbol{E})=\boldsymbol{0}$,从而 $\boldsymbol{A}$ 的特征值只能为 1 或 2. 又

$$n\geqslant R(\boldsymbol{A}-\boldsymbol{E})+R(\boldsymbol{A}-2\boldsymbol{E})\geqslant R[\boldsymbol{A}-\boldsymbol{E}-(\boldsymbol{A}-2\boldsymbol{E})]=n,$$

故

$$R(\boldsymbol{A}-\boldsymbol{E})+R(\boldsymbol{A}-2\boldsymbol{E})=n.$$

由于特征值 1 对应的特征向量一共有

$$n-R(\boldsymbol{A}-\boldsymbol{E})+n-R(\boldsymbol{A}-2\boldsymbol{E})=n \text{ 个},$$

故 $\boldsymbol{A}$ 相似于一个对角矩阵.

【证毕】

§3 正交变换

要点 1 实向量的内积★

1. 内积的概念

设 n 维向量 $\boldsymbol{\alpha}=(a_1,a_2,\cdots,a_n)^{\mathrm{T}}$，$\boldsymbol{\beta}=(b_1,b_2,\cdots,b_n)^{\mathrm{T}}$，称

$$(\boldsymbol{\alpha},\boldsymbol{\beta})=a_1b_1+a_2b_2+\cdots+a_nb_n$$

为向量 α 与 $\boldsymbol{\beta}$ 的内积. 显然 $(\boldsymbol{\alpha},\boldsymbol{\beta})=\boldsymbol{\alpha}^{\mathrm{T}}\boldsymbol{\beta}=\boldsymbol{\beta}^{\mathrm{T}}\boldsymbol{\alpha}$.

2. 内积的性质

$(\boldsymbol{\alpha},\boldsymbol{\beta})=(\boldsymbol{\beta},\boldsymbol{\alpha})$，　　$(k\boldsymbol{\alpha},\boldsymbol{\beta})=k(\boldsymbol{\alpha},\boldsymbol{\beta})$，

$(\boldsymbol{\alpha}+\boldsymbol{\beta},\boldsymbol{\gamma})=(\boldsymbol{\alpha},\boldsymbol{\gamma})+(\boldsymbol{\beta},\boldsymbol{\gamma})$，　　$(\boldsymbol{\alpha},\boldsymbol{\alpha})\geqslant 0$（仅当 $\boldsymbol{\alpha}=0$ 时取等）.

3. 实向量的长度

向量 $\boldsymbol{\alpha}=(a_1,a_2,\cdots,a_n)^{\mathrm{T}}$ 的长度规定为

$$\|\boldsymbol{\alpha}\|=\sqrt{(\boldsymbol{\alpha},\boldsymbol{\alpha})}=\sqrt{a_1^2+a_2^2+\cdots+a_n^2}.$$

当时 $\|\boldsymbol{\alpha}\|=1$，称 $\boldsymbol{\alpha}$ 为单位向量.

以例明理

正交矩阵

内积　　对应分量相乘相加

$$(\boldsymbol{\alpha}_1,\boldsymbol{\alpha}_2)=-\frac{1}{\sqrt{2}}\times\left(-\frac{1}{\sqrt{6}}\right)+\frac{1}{\sqrt{2}}\times\left(-\frac{1}{\sqrt{6}}\right)+0\times\frac{1}{\sqrt{6}}=0$$

长度　　$\sqrt{\text{分量平方和}}$

$$\|\boldsymbol{\alpha}_1\|=\sqrt{\left(-\frac{1}{\sqrt{2}}\right)^2+\left(\frac{1}{\sqrt{2}}\right)^2+0^2}=1$$

正交　　内积为0

$\boldsymbol{\alpha}_1,\boldsymbol{\alpha}_2,\boldsymbol{\alpha}_3$　单位正交组 $\begin{cases}\text{长度为1} & \|\boldsymbol{\alpha}_1\|=\|\boldsymbol{\alpha}_2\|=\|\boldsymbol{\alpha}_3\|=1\\ \text{两两正交} & (\boldsymbol{\alpha}_1,\boldsymbol{\alpha}_2)=(\boldsymbol{\alpha}_1,\boldsymbol{\alpha}_3)=(\boldsymbol{\alpha}_2,\boldsymbol{\alpha}_3)=0\end{cases}$

$$\boldsymbol{\alpha}_1=\begin{bmatrix}-\frac{1}{\sqrt{2}}\\ \frac{1}{\sqrt{2}}\\ 0\end{bmatrix},\boldsymbol{\alpha}_2=\begin{bmatrix}-\frac{1}{\sqrt{6}}\\ -\frac{1}{\sqrt{6}}\\ \frac{2}{\sqrt{6}}\end{bmatrix},\boldsymbol{\alpha}_3=\begin{bmatrix}\frac{1}{\sqrt{3}}\\ \frac{1}{\sqrt{3}}\\ \frac{1}{\sqrt{3}}\end{bmatrix}$$

单位正交组 $\xrightarrow{\text{拼装}}$ 正交矩阵

$$\boldsymbol{Q}=(\boldsymbol{\alpha}_1,\boldsymbol{\alpha}_2,\boldsymbol{\alpha}_3)=\begin{bmatrix}-\frac{1}{\sqrt{2}} & -\frac{1}{\sqrt{6}} & \frac{1}{\sqrt{3}}\\ \frac{1}{\sqrt{2}} & -\frac{1}{\sqrt{6}} & \frac{1}{\sqrt{3}}\\ 0 & \frac{2}{\sqrt{6}} & \frac{1}{\sqrt{3}}\end{bmatrix}$$

要点 2　正交向量组★★

1. 概　念

(1) 正交:称内积为零,即$(\boldsymbol{\alpha},\boldsymbol{\beta})=0$ 的两个向量 $\boldsymbol{\alpha},\boldsymbol{\beta}$ 正交,记作 $\boldsymbol{\alpha}\perp\boldsymbol{\beta}$.

(2) 单位正交组:

① 若一组非零向量两两正交,则称这组向量为正交向量组,简称正交组.

② 若一个正交向量组的向量都为单位向量,则称这个正交向量组为单位正交向量组,简称单位正交组.

③ 正交向量组,必是线性无关组.

2. 线性无关向量组的单位正交化方法——施密特单位正交化法★★

设向量组 $\boldsymbol{\alpha}_1,\boldsymbol{\alpha}_2,\cdots,\boldsymbol{\alpha}_s$ 是一个线性无关向量组.

(1) 先将 $\boldsymbol{\alpha}_1,\boldsymbol{\alpha}_2,\cdots,\boldsymbol{\alpha}_s$ 正交化.

令 $\boldsymbol{\beta}_1=\boldsymbol{\alpha}_1$,

$$\boldsymbol{\beta}_2=\boldsymbol{\alpha}_2-\frac{(\boldsymbol{\beta}_1,\boldsymbol{\alpha}_2)}{(\boldsymbol{\beta}_1,\boldsymbol{\beta}_1)}\boldsymbol{\beta}_1,$$

$$\vdots$$

$$\boldsymbol{\beta}_s=\boldsymbol{\alpha}_s-\frac{(\boldsymbol{\beta}_1,\boldsymbol{\alpha}_s)}{(\boldsymbol{\beta}_1,\boldsymbol{\beta}_1)}\boldsymbol{\beta}_1-\frac{(\boldsymbol{\beta}_2,\boldsymbol{\alpha}_s)}{(\boldsymbol{\beta}_2,\boldsymbol{\beta}_2)}\boldsymbol{\beta}_2-\cdots-\frac{(\boldsymbol{\beta}_{s-1},\boldsymbol{\alpha}_s)}{(\boldsymbol{\beta}_{s-1},\boldsymbol{\beta}_{s-1})}\boldsymbol{\beta}_{s-1},$$

则向量组 $\boldsymbol{\beta}_1,\boldsymbol{\beta}_2,\cdots,\boldsymbol{\beta}_s$ 是与 $\boldsymbol{\alpha}_1,\boldsymbol{\alpha}_2,\cdots,\boldsymbol{\alpha}_s$ 正交的向量组.

(2) 再将 $\boldsymbol{\beta}_1,\boldsymbol{\beta}_2,\cdots,\boldsymbol{\beta}_s$ 单位化.

令 $\boldsymbol{\gamma}_1=\dfrac{\boldsymbol{\beta}_1}{\|\boldsymbol{\beta}_1\|},\boldsymbol{\gamma}_2=\dfrac{\boldsymbol{\beta}_2}{\|\boldsymbol{\beta}_2\|},\cdots,\boldsymbol{\gamma}_s=\dfrac{\boldsymbol{\beta}_s}{\|\boldsymbol{\beta}_s\|}$,则 $\boldsymbol{\gamma}_1,\boldsymbol{\gamma}_2,\cdots,\boldsymbol{\gamma}_s$ 是与向量组 $\boldsymbol{\alpha}_1,\boldsymbol{\alpha}_2,\cdots,\boldsymbol{\alpha}_s$ 等价的单位正交向量组.

【举例】

用施密特正交化方法将 $\boldsymbol{\alpha}_1=(0,1,1)^{\mathrm{T}},\boldsymbol{\alpha}_2=(1,1,0)^{\mathrm{T}},\boldsymbol{\alpha}_3=(1,0,1)^{\mathrm{T}}$ 化为单位正交组,并线性表示 $\boldsymbol{\alpha}=(1,-1,0)^{\mathrm{T}}$.

【解析】

解:

取 $\boldsymbol{\beta}_1=\boldsymbol{\alpha}_1=\begin{bmatrix}0\\1\\1\end{bmatrix}$,且

$$\boldsymbol{\beta}_2=\boldsymbol{\alpha}_2-\frac{(\boldsymbol{\alpha}_2,\boldsymbol{\beta}_1)}{(\boldsymbol{\beta}_1,\boldsymbol{\beta}_1)}\boldsymbol{\beta}_1=\begin{bmatrix}1\\1\\0\end{bmatrix}-\frac{1}{2}\begin{bmatrix}0\\1\\1\end{bmatrix}=\begin{bmatrix}1\\\frac{1}{2}\\-\frac{1}{2}\end{bmatrix},$$

$$\boldsymbol{\beta}_3=\boldsymbol{\alpha}_3-\frac{(\boldsymbol{\alpha}_3,\boldsymbol{\beta}_1)}{(\boldsymbol{\beta}_1,\boldsymbol{\beta}_1)}\boldsymbol{\beta}_1-\frac{(\boldsymbol{\alpha}_3,\boldsymbol{\beta}_2)}{(\boldsymbol{\beta}_2,\boldsymbol{\beta}_2)}\boldsymbol{\beta}_2=\begin{bmatrix}1\\0\\1\end{bmatrix}-\frac{1}{2}\begin{bmatrix}0\\1\\1\end{bmatrix}-\frac{1}{3}\begin{bmatrix}1\\\frac{1}{2}\\-\frac{1}{2}\end{bmatrix}=\begin{bmatrix}\frac{2}{3}\\-\frac{2}{3}\\\frac{2}{3}\end{bmatrix},$$

单位化得单位正交组

$$\boldsymbol{\eta}_1=\frac{1}{\sqrt{2}}\begin{bmatrix}0\\1\\1\end{bmatrix},\quad \boldsymbol{\eta}_2=\frac{1}{\sqrt{6}}\begin{bmatrix}2\\1\\-1\end{bmatrix},\quad \boldsymbol{\eta}_3=\frac{1}{\sqrt{3}}\begin{bmatrix}1\\-1\\1\end{bmatrix}.$$

设在该单位正交组下 $\boldsymbol{\alpha}=a\boldsymbol{\eta}_1+b\boldsymbol{\eta}_2+c\boldsymbol{\eta}_3$，则

$$\begin{cases}\frac{2}{\sqrt{6}}b+\frac{1}{\sqrt{3}}c=1\\ \frac{1}{\sqrt{2}}a+\frac{1}{\sqrt{6}}b-\frac{1}{\sqrt{3}}c=-1,\\ \frac{1}{\sqrt{2}}a-\frac{1}{\sqrt{6}}b+\frac{1}{\sqrt{3}}c=0\end{cases}\quad \text{解得}\begin{cases}a=-\frac{1}{\sqrt{2}}\\ b=\frac{1}{\sqrt{6}}\\ c=\frac{2}{\sqrt{3}}\end{cases},$$

故

$$\boldsymbol{\alpha}=-\frac{1}{\sqrt{2}}\boldsymbol{\alpha}_1+\frac{1}{\sqrt{6}}\boldsymbol{\alpha}_2+\frac{2}{\sqrt{3}}\boldsymbol{\alpha}_3.$$

要点 3 正交矩阵与正交变换★★

1. 概　念

(1) 若 n 阶实矩阵 $\boldsymbol{Q}$ 的列向量组是单位正交向量组，则称 $\boldsymbol{Q}$ 为正交矩阵. 称 $\boldsymbol{Q}^{-1}\boldsymbol{A}\boldsymbol{Q}$ 为 $\boldsymbol{A}$ 的正交变换，称 $\boldsymbol{Q}$ 为正交因子.

(2) n 阶实矩阵 $\boldsymbol{A}$ 是正交矩阵 $\Leftrightarrow \boldsymbol{A}^{\mathrm{T}}\boldsymbol{A}=\boldsymbol{A}\boldsymbol{A}^{\mathrm{T}}=\boldsymbol{E}$.

2. 性　质

(1) 若 $\boldsymbol{A}$ 是正交矩阵，则其行向量组和列向量组都是单位正交组.

(2) 若 $\boldsymbol{A}$ 是正交矩阵，则 $\boldsymbol{A}^{\mathrm{T}}=\boldsymbol{A}^{-1}$，$(\boldsymbol{A}^{\mathrm{T}})^{-1}=\boldsymbol{A}$.

若 $\boldsymbol{A}$ 是正交矩阵，则 $-\boldsymbol{A}$，$\boldsymbol{A}^{\mathrm{T}}(=\boldsymbol{A}^{-1})$，$\boldsymbol{A}^*$ 都是正交矩阵.

若 $\boldsymbol{A}$，$\boldsymbol{B}$ 都是正交矩阵，则 $\boldsymbol{AB}$ 也是正交矩阵.

(3) 若 $\boldsymbol{A}$ 是正交矩阵，则 $|\boldsymbol{A}|=\pm 1$，且其有特征值 1 或 -1.

对于正交矩阵 $\boldsymbol{A}$，有如下结论：

若 $|\boldsymbol{A}|=-1$，则 -1 是 $\boldsymbol{A}$ 的一个特征值.

若 $\boldsymbol{A}$ 是奇数阶矩阵，则 1 是 $\boldsymbol{A}$ 的一个特征值.

若 $\boldsymbol{A}$ 是对称正定矩阵，则 1 是 $\boldsymbol{A}$ 的一个特征值.

(4) 若 $\boldsymbol{A}$ 是正交矩阵，且 $\boldsymbol{Y}=\boldsymbol{A}\boldsymbol{X}$，则 $|\boldsymbol{Y}|=|\boldsymbol{X}|$.

(5) 若 $\boldsymbol{A}$ 是正交矩阵，且其特征值都是实数，则 $\boldsymbol{A}$ 一定是对称矩阵.

【举例】

1. 设 $\boldsymbol{A}$ 为 n 阶实对称矩阵，则(　).

A. $\boldsymbol{A}$ 的 n 个特征向量两两正交

B. n 个特征向量组成单位正交向量组

C. $\boldsymbol{A}$ 的 k 重特征值 λ_0，有 $R(\lambda_0\boldsymbol{E}-\boldsymbol{A})=n-k$

D. $\boldsymbol{A}$ 的 k 重特征值 λ_0，有 $R(\lambda_0\boldsymbol{E}-\boldsymbol{A})=k$

2. 设 $\boldsymbol{A}$ 为正交矩阵，试证 $\boldsymbol{A}^*$ 是正交矩阵.

3. 设 $\boldsymbol{A}$ 是反对称矩阵，且 $\boldsymbol{E}-\boldsymbol{A}$ 可逆，令 $\boldsymbol{B}=(\boldsymbol{E}-\boldsymbol{A})^{-1}(\boldsymbol{E}+\boldsymbol{A})$，证明：$\boldsymbol{B}$ 是正交矩阵.

4. 设 $\boldsymbol{x}$ 是单位列向量，证明 $H=\boldsymbol{E}-2\boldsymbol{x}\boldsymbol{x}^{\mathrm{T}}$ 是正交矩阵.

【解析】

1. 解：

因为属于不同特征值的特征向量正交，不一定任意两个特征向量都正交，所以 $\boldsymbol{A}$ 的 n 个特征向量两两正交未必成立，故选项 A 错误.

n 个特征向量未必组成单位正交向量组，因为它们往往需要进行单位正交化处理才能得到单位正交向量组，故选项 B 错误.

由于矩阵 $\boldsymbol{A}$ 为实对称矩阵，则其一定可以对角化，所以属于 k 重特征值 λ_0 的线性无关的特征向量必有 k 个，故 $R(\lambda_0\boldsymbol{E}-\boldsymbol{A})=n-k$，则选项 C 正确，选项 D 错误.

因此，应选 C.

2. 证明：

若 $\boldsymbol{A}$ 为正交矩阵，则 $\boldsymbol{A}^{-1}$，$-\boldsymbol{A}^{-1}$ 均为正交矩阵，且 $|\boldsymbol{A}|=1$ 或 -1.

由 $\boldsymbol{A}\boldsymbol{A}^*=|\boldsymbol{A}|E$ 知，$\boldsymbol{A}^*=\pm\boldsymbol{A}^{-1}$，故 $\boldsymbol{A}^*$ 也是正交矩阵.

【证毕】

3. 证明：

因为 $\boldsymbol{E}-\boldsymbol{A}$ 可逆，所以 $(\boldsymbol{E}+\boldsymbol{A})(\boldsymbol{E}-\boldsymbol{A})=(\boldsymbol{E}-\boldsymbol{A})(\boldsymbol{E}+\boldsymbol{A})$，则

$$\begin{aligned}\boldsymbol{B}\boldsymbol{B}^{\mathrm{T}}&=(\boldsymbol{E}-\boldsymbol{A})^{-1}(\boldsymbol{E}+\boldsymbol{A})\left[(\boldsymbol{E}-\boldsymbol{A})^{-1}(\boldsymbol{E}+\boldsymbol{A})\right]^{\mathrm{T}}\\&=(\boldsymbol{E}-\boldsymbol{A})^{-1}(\boldsymbol{E}+\boldsymbol{A})(\boldsymbol{E}+\boldsymbol{A})^{\mathrm{T}}\left[(\boldsymbol{E}-\boldsymbol{A})^{\mathrm{T}}\right]^{-1}\\&=(\boldsymbol{E}-\boldsymbol{A})^{-1}(\boldsymbol{E}+\boldsymbol{A})(\boldsymbol{E}-\boldsymbol{A})(\boldsymbol{E}+\boldsymbol{A})^{-1}\\&=(\boldsymbol{E}-\boldsymbol{A})^{-1}(\boldsymbol{E}-\boldsymbol{A})(\boldsymbol{E}+\boldsymbol{A})(\boldsymbol{E}+\boldsymbol{A})^{-1}\\&=\boldsymbol{E}.\end{aligned}$$

因此，$\boldsymbol{B}$ 是正交矩阵.

【证毕】

4. 证明：

因为 $\boldsymbol{x}$ 是单位列向量，所以 $\boldsymbol{x}^{\mathrm{T}}\boldsymbol{x}=1$. 则

$$\boldsymbol{H}^{\mathrm{T}}\boldsymbol{H}=(\boldsymbol{E}-2\boldsymbol{x}\boldsymbol{x}^{\mathrm{T}})^{\mathrm{T}}(\boldsymbol{E}-2\boldsymbol{x}\boldsymbol{x}^{\mathrm{T}})=(\boldsymbol{E}-2\boldsymbol{x}\boldsymbol{x}^{\mathrm{T}})(\boldsymbol{E}-2\boldsymbol{x}\boldsymbol{x}^{\mathrm{T}})$$

$$=\boldsymbol{E}-4\boldsymbol{x}\boldsymbol{x}^{\mathrm{T}}+4\boldsymbol{x}\boldsymbol{x}^{\mathrm{T}}\boldsymbol{x}\boldsymbol{x}^{\mathrm{T}}=\boldsymbol{E}-4\boldsymbol{x}\boldsymbol{x}^{\mathrm{T}}+4\boldsymbol{x}\boldsymbol{x}^{\mathrm{T}}=\boldsymbol{E}.$$

因此，$\boldsymbol{H}=\boldsymbol{E}-2\boldsymbol{x}\boldsymbol{x}^{\mathrm{T}}$ 是正交矩阵.

【证毕】

§4 实对称矩阵的相似对角化

要点 1 实对称矩阵的性质★★

（1）实对称矩阵的特征值全为实数.

（2）实对称矩阵对应于不同特征值的特征向量彼此线性无关且相互正交.

（3）n 阶实对称矩阵 $\boldsymbol{A}$，必有 n 阶正交矩阵 $\boldsymbol{Q}$，使其相似于对角矩阵，且该对角矩阵的对角元是 $\boldsymbol{A}$ 的全部特征值.

要点 2 实对称矩阵对角化的步骤★★★

（1）计算特征多项式 $|\lambda\boldsymbol{E}-\boldsymbol{A}|$.

（2）由特征方程 $|\lambda\boldsymbol{E}-\boldsymbol{A}|=0$ 得方阵 $\boldsymbol{A}$ 的全部互异特征值 $\lambda_1,\lambda_2,\cdots,\lambda_t$，它们的重数分别为 $n_1,n_2,\cdots,n_t(n_1+n_2+\cdots+n_t=n)$.

（3）对于 $\boldsymbol{A}$ 的每个特征值 $\lambda_i(i=1,2,\cdots,t)$，求齐次线性方程组 $(\lambda_i\boldsymbol{E}-\boldsymbol{A})\boldsymbol{x}=\boldsymbol{0}$ 的基础解系 $\boldsymbol{\alpha}_{i_1},\boldsymbol{\alpha}_{i_2},\cdots,\boldsymbol{\alpha}_{i_{n_i}}$，它们就是 $\boldsymbol{A}$ 的对应于特征值 λ_i 的 n_i 个线性无关的特征向量，将其单位正交化得 $\gamma_{i1},\gamma_{i2},\cdots,\gamma_{in_i}$. 从而 $\boldsymbol{A}$ 有 n 个两两正交的单位特征向量

$$\gamma_{11},\gamma_{12},\cdots,\gamma_{1n_1},\gamma_{21},\gamma_{22},\cdots,\gamma_{2n_2},\cdots,\gamma_{t1},\gamma_{t2},\cdots,\gamma_{tn_t}.$$

（4）以 $\gamma_{11},\gamma_{12},\cdots,\gamma_{1n_1},\gamma_{21},\gamma_{22},\cdots,\gamma_{2n_2},\cdots,\gamma_{t1},\gamma_{t2},\cdots,\gamma_{tn_t}$ 为列向量构成正交矩阵 $\boldsymbol{Q}$，则

$$\boldsymbol{Q}^{-1}\boldsymbol{A}\boldsymbol{Q}=\boldsymbol{\Lambda}=\begin{bmatrix}\underbrace{\begin{matrix}\lambda_1 & & \\ & \ddots & \\ & & \lambda_1\end{matrix}}_{n_1\text{个}} & & & \\ & \underbrace{\begin{matrix}\lambda_2 & & \\ & \ddots & \\ & & \lambda_2\end{matrix}}_{n_2\text{个}} & & \\ & & \ddots & \\ & & & \underbrace{\begin{matrix}\lambda_t & & \\ & \ddots & \\ & & \lambda_t\end{matrix}}_{n_t\text{个}}\end{bmatrix}.$$

注意：对角矩阵 Λ 中主对角线上元素的排列次序与 Q 中列向量的排列次序相对应.

要点 3 求特征向量的单位正交组的方法★★★

1. 特征向量已知，用施密特单位正交化法

2. 直接利用 $(\lambda_i E-A)x=0$ 和正交关系求得正交的特征向量

(1) 若由特征方程 $|\lambda \boldsymbol{E}-\boldsymbol{A}|=0$ 得三阶实对称矩阵 $\boldsymbol{A}$ 的特征值为三个互异实根 λ_1，λ_2，λ_3，则可由齐次线性方程组 $(\lambda_i \boldsymbol{E}-\boldsymbol{A})\boldsymbol{x}=\boldsymbol{0}$ 分别求得三个特征值对应的线性无关且正交的特征向量 $\boldsymbol{\alpha}_1$，$\boldsymbol{\alpha}_2$，$\boldsymbol{\alpha}_3$，单位化即可得特征向量的单位正交组 $\dfrac{\boldsymbol{\alpha}_1}{\|\boldsymbol{\alpha}_1\|}$，$\dfrac{\boldsymbol{\alpha}_2}{\|\boldsymbol{\alpha}_2\|}$，$\dfrac{\boldsymbol{\alpha}_3}{\|\boldsymbol{\alpha}_3\|}$.

(2) 若由特征方程 $|\lambda \boldsymbol{E}-\boldsymbol{A}|=0$ 得三阶实对称矩阵 $\boldsymbol{A}$ 的特征值为实根 λ_1，λ_2（二重），则可由齐次线性方程组 $(\lambda_1 \boldsymbol{E}-\boldsymbol{A})\boldsymbol{x}=\boldsymbol{0}$ 求得 λ_1 对应的特征向量 $\boldsymbol{\alpha}_1$；由齐次线性方程组 $(\lambda_2 \boldsymbol{E}-\boldsymbol{A})\boldsymbol{x}=\boldsymbol{0}$ 求得一个 λ_2 对应的特征向量 $\boldsymbol{\alpha}_2$；然后再由 $\begin{cases}(\lambda_2 \boldsymbol{E}-\boldsymbol{A})\boldsymbol{x}=\boldsymbol{0}\\(\boldsymbol{\alpha}_2,\boldsymbol{x})=0\end{cases}$ 解出 $\boldsymbol{\alpha}_3$. 从而得到线性无关且正交的特征向量 $\boldsymbol{\alpha}_1$，$\boldsymbol{\alpha}_2$，$\boldsymbol{\alpha}_3$，单位化即可得特征向量的单位正交组 $\dfrac{\boldsymbol{\alpha}_1}{\|\boldsymbol{\alpha}_1\|}$，$\dfrac{\boldsymbol{\alpha}_2}{\|\boldsymbol{\alpha}_2\|}$，$\dfrac{\boldsymbol{\alpha}_3}{\|\boldsymbol{\alpha}_3\|}$.

3. 已知特征值求特征向量

(1) 三阶实对称矩阵 $\boldsymbol{A}$ 的特征值为三个互异实根 λ_1，λ_2，λ_3，前两个特征值对应的特征向量为 $\boldsymbol{\alpha}_1$，$\boldsymbol{\alpha}_2$. 由 $\begin{cases}(\boldsymbol{\alpha}_1,\boldsymbol{x})=\boldsymbol{0}\\(\boldsymbol{\alpha}_2,\boldsymbol{x})=\boldsymbol{0}\end{cases}$ 解出 λ_3 对应的特征向量 $\boldsymbol{\alpha}_3$. 单位化即可得特征向量的单位正交组 $\dfrac{\boldsymbol{\alpha}_1}{\|\boldsymbol{\alpha}_1\|}$，$\dfrac{\boldsymbol{\alpha}_2}{\|\boldsymbol{\alpha}_2\|}$，$\dfrac{\boldsymbol{\alpha}_3}{\|\boldsymbol{\alpha}_3\|}$.

(2) 三阶实对称矩阵 $\boldsymbol{A}$ 的特征值为 λ_1，λ_2（二重），λ_1 对应的特征向量为 $\boldsymbol{\alpha}_1$. 由 $(\boldsymbol{\alpha}_1,\boldsymbol{x})=\boldsymbol{0}$ 解出 λ_2 对应的特征向量 $\boldsymbol{\alpha}_2$，$\boldsymbol{\alpha}_3$；单位化即可得特征向量的单位正交组 $\dfrac{\boldsymbol{\alpha}_1}{\|\boldsymbol{\alpha}_1\|}$，$\dfrac{\boldsymbol{\alpha}_2}{\|\boldsymbol{\alpha}_2\|}$，$\dfrac{\boldsymbol{\alpha}_3}{\|\boldsymbol{\alpha}_3\|}$.

【举例】

1. 设三阶实对称矩阵 $\boldsymbol{A}$ 的每行元素之和为 3，且

$$R(\boldsymbol{A})=1,\quad \boldsymbol{\beta}=(-1,2,2)^{\mathrm{T}}.$$

(1) 求 $\boldsymbol{A}^n\boldsymbol{\beta}$；　(2)计算 $(\boldsymbol{A}-\frac{3}{2}\boldsymbol{E})^{10}$.

2. 设矩阵 $\boldsymbol{A}=\begin{bmatrix}0&-1&4\\-1&3&a\\4&a&0\end{bmatrix}$，正交矩阵 $\boldsymbol{Q}$ 使得 $\boldsymbol{Q}^{\mathrm{T}}\boldsymbol{A}\boldsymbol{Q}$ 为对角矩阵，若 $\boldsymbol{Q}$ 的第一列

为$\frac{1}{\sqrt{6}}(1,2,1)^{T}$,求 a 及$\boldsymbol{Q}$.

3. 对于已知三阶实对称矩阵$\boldsymbol{A}$,分别针对下面两种情况,求正交矩阵$\boldsymbol{Q}$,使$\boldsymbol{Q}^{-1}\boldsymbol{A}\boldsymbol{Q}$为对角矩阵.

(1) 若$\boldsymbol{A}$的特征值为$\lambda_1=-2,\lambda_2=1$对应的特征向量分别为$\boldsymbol{\alpha}_1=(0,-1,1)^{T},\boldsymbol{\alpha}_2=(1,-1,-1)^{T}$,且$\boldsymbol{A}$还有特征值$\lambda_3=4$.

(2) 若$\boldsymbol{A}$有二重特征值为$\lambda_1=-2$,且$\boldsymbol{A}$的特征值$\lambda_2=4$对应的特征向量为$\boldsymbol{\alpha}_1=(0,-1,1)^{T}$.

4. 讨论实对称的幂零矩阵和幂等矩阵的对角化.

5. 证明:对于实对称矩阵$\boldsymbol{A}$,必有实对称矩阵$\boldsymbol{B}$,使$\boldsymbol{A}=\boldsymbol{B}^3$.

【解析】

1. 解:

(1) 由题$\boldsymbol{A}\begin{bmatrix}1\\1\\1\end{bmatrix}=3\begin{bmatrix}1\\1\\1\end{bmatrix}$,从而$\boldsymbol{A}$有特征值$\lambda=3$,对应的特征向量为$\boldsymbol{\alpha}_1=(1,1,1)^{T}$.

因为$R(\boldsymbol{A})=1$,所以$\boldsymbol{A}$的特征值为3,0,0.

设$\lambda=0$对应的特征向量为$(x_1,x_2,x_3,)^{T}$,显然其与$\boldsymbol{\alpha}$正交,即$x_1+x_2+x_3=0$,解得其基础解系为$\boldsymbol{\alpha}_2=(1,0,-1)^{T},\boldsymbol{\alpha}_3=(1,-1,0)^{T}$.

设$\boldsymbol{P}=(\boldsymbol{\alpha}_1,\boldsymbol{\alpha}_2,\boldsymbol{\alpha}_3)=\begin{bmatrix}1&1&1\\1&0&-1\\1&-1&0\end{bmatrix},\boldsymbol{\Lambda}=\begin{bmatrix}3&0&0\\0&0&0\\0&0&0\end{bmatrix}$,则$\boldsymbol{P}^{-1}\boldsymbol{A}\boldsymbol{P}=\boldsymbol{\Lambda}$.

又$\boldsymbol{P}^{-1}=\begin{bmatrix}1&1&1\\1&0&-1\\1&-1&0\end{bmatrix}^{-1}=\frac{1}{3}\begin{bmatrix}1&1&1\\1&1&-2\\1&-2&1\end{bmatrix}$,即$\boldsymbol{A}=\boldsymbol{P}\boldsymbol{\Lambda}\boldsymbol{P}^{-1}=\begin{bmatrix}1&1&1\\1&1&1\\1&1&1\end{bmatrix}$,故

$$\boldsymbol{A}^n\boldsymbol{\beta}=(\boldsymbol{P}\boldsymbol{\Lambda}\boldsymbol{P}^{-1})^n\boldsymbol{\beta}=\boldsymbol{P}\boldsymbol{\Lambda}^n\boldsymbol{P}^{-1}\boldsymbol{\beta}=3^n\begin{bmatrix}1\\1\\1\end{bmatrix}.$$

(2) 由(1)得$\boldsymbol{A}-\frac{3}{2}\boldsymbol{E}$的特征值为$\frac{3}{2},-\frac{3}{2},-\frac{3}{2}$,记

$$\boldsymbol{\Lambda}_1=\begin{bmatrix}\frac{3}{2}&&\\&-\frac{3}{2}&\\&&-\frac{3}{2}\end{bmatrix},$$

则$\boldsymbol{P}^{-1}\left(\boldsymbol{A}-\frac{3}{2}\boldsymbol{E}\right)\boldsymbol{P}=\boldsymbol{\Lambda}_1$,从而$\boldsymbol{A}-\frac{3}{2}\boldsymbol{E}=\boldsymbol{P}\boldsymbol{\Lambda}_1\boldsymbol{P}^{-1}$,故

$$\left(\boldsymbol{A}-\frac{3}{2}\boldsymbol{E}\right)^{10}=P\boldsymbol{\Lambda}_1^{10}\boldsymbol{P}^{-1}=\left(\frac{3}{2}\right)^{10}\boldsymbol{E}.$$

2. 解：

设 $\boldsymbol{A}$ 对应于正交因子 $\boldsymbol{Q}$ 三个列向量的特征值分别为 $\lambda_1,\lambda_2,\lambda_3$.

因为 $\boldsymbol{Q}$ 的第一列为 $\frac{1}{\sqrt{6}}(1,2,1)^{\mathrm{T}}$，所以

$$\boldsymbol{A}\left(\frac{1}{\sqrt{6}}\begin{bmatrix}1\\2\\1\end{bmatrix}\right)=\lambda_1\left(\frac{1}{\sqrt{6}}\begin{bmatrix}1\\2\\1\end{bmatrix}\right)，即\begin{bmatrix}2\\5+a\\4+2a\end{bmatrix}=\lambda_1\begin{bmatrix}1\\2\\1\end{bmatrix}，$$

故 $a=-1,\lambda_1=2$.

$$|\lambda\boldsymbol{E}-\boldsymbol{A}|=\begin{vmatrix}\lambda&1&-4\\1&\lambda-3&1\\-4&1&\lambda\end{vmatrix}=\begin{vmatrix}\lambda&1&-4\\1&\lambda-3&1\\-4-\lambda&0&\lambda+4\end{vmatrix}$$

$$=\begin{vmatrix}\lambda-4&1&-4\\2&\lambda-3&1\\0&0&\lambda+4\end{vmatrix}$$

$$=(\lambda+4)(\lambda-2)(\lambda-5)=0,$$

所以 $\lambda_1=2,\lambda_2=-4,\lambda_3=5$.

当 $\lambda_2=-4$ 时，$(-4\boldsymbol{E}-\boldsymbol{A})\boldsymbol{x}=\boldsymbol{0}$，$-4\boldsymbol{E}-\boldsymbol{A}=\begin{bmatrix}-4&1&-4\\1&-7&1\\-4&1&-4\end{bmatrix}\to\begin{bmatrix}1&0&1\\0&1&0\\0&0&0\end{bmatrix}$，基础解系为 $(-1,0,1)^{\mathrm{T}}$.

当 $\lambda_3=5$ 时，$(5\boldsymbol{E}-\boldsymbol{A})\boldsymbol{x}=\boldsymbol{0}$，$5\boldsymbol{E}-\boldsymbol{A}=\begin{bmatrix}5&1&-4\\1&2&1\\-4&1&5\end{bmatrix}\to\begin{bmatrix}1&0&-1\\0&1&1\\0&0&0\end{bmatrix}$，基础解系为 $(1,-1,1)^{\mathrm{T}}$.

$\boldsymbol{A}$ 为实对称矩阵，对应不同特征值的特征向量正交，单位化得

$$\boldsymbol{\eta}_1=\frac{1}{\sqrt{6}}\begin{bmatrix}1\\2\\1\end{bmatrix}，\boldsymbol{\eta}_2=\frac{1}{\sqrt{2}}\begin{bmatrix}-1\\0\\1\end{bmatrix}，\boldsymbol{\eta}_3=\frac{1}{\sqrt{3}}\begin{bmatrix}1\\-1\\1\end{bmatrix}，$$

故

$$\boldsymbol{Q}=(\boldsymbol{\eta}_1,\boldsymbol{\eta}_2,\boldsymbol{\eta}_3)=\begin{bmatrix}\frac{1}{\sqrt{6}}&-\frac{1}{\sqrt{2}}&\frac{1}{\sqrt{3}}\\\frac{2}{\sqrt{6}}&0&-\frac{1}{\sqrt{3}}\\\frac{1}{\sqrt{6}}&\frac{1}{\sqrt{2}}&\frac{1}{\sqrt{3}}\end{bmatrix}.$$

3. 解：

(1) 设 $\boldsymbol{A}$ 对应于特征值 $\lambda_3=4$ 的特征向量为 $\boldsymbol{\alpha}_3=(x_1,x_2,x_3)^{\mathrm{T}}$.

由 $\boldsymbol{\alpha}_1,\boldsymbol{\alpha}_2,\boldsymbol{\alpha}_3$ 为正交特征向量组,得 $\begin{cases}-x_2+x_3=0\\x_1-x_2-x_3=0\end{cases}$,即

$$\begin{bmatrix}0&-1&1\\1&-1&-1\end{bmatrix}\to\begin{bmatrix}1&0&-2\\0&1&-1\end{bmatrix},$$

得基础解系 $\boldsymbol{\alpha}_3=(2,1,1)^{\mathrm{T}}$.

将 $\boldsymbol{\alpha}_1,\boldsymbol{\alpha}_2,\boldsymbol{\alpha}_3$ 单位化,得

$$\boldsymbol{\eta}_1=\frac{1}{\sqrt{2}}\begin{bmatrix}0\\-1\\1\end{bmatrix},\quad \boldsymbol{\eta}_2=\frac{1}{\sqrt{3}}\begin{bmatrix}1\\-1\\-1\end{bmatrix},\quad \boldsymbol{\eta}_3=\frac{1}{\sqrt{6}}\begin{bmatrix}2\\1\\1\end{bmatrix}.$$

取
$$\boldsymbol{Q}=(\boldsymbol{\eta}_1,\boldsymbol{\eta}_2,\boldsymbol{\eta}_3)=\begin{bmatrix}0&\frac{\sqrt{3}}{3}&\frac{\sqrt{6}}{3}\\-\frac{\sqrt{2}}{2}&-\frac{\sqrt{3}}{3}&\frac{\sqrt{6}}{6}\\\frac{\sqrt{2}}{2}&-\frac{\sqrt{3}}{3}&\frac{\sqrt{6}}{6}\end{bmatrix},$$

则 $\boldsymbol{Q}$ 为正交矩阵,且使 $\boldsymbol{Q}^{-1}\boldsymbol{A}\boldsymbol{Q}=\begin{bmatrix}-2&&\\&1&\\&&4\end{bmatrix}$.

(2) 设 $\boldsymbol{A}$ 对应于二重特征值 $\lambda_1=-2$ 的特征向量为 $\boldsymbol{\alpha}=(x_1,x_2,x_3)^{\mathrm{T}}$. 由 $\boldsymbol{\alpha},\boldsymbol{\alpha}_1$ 为正交特征向量组,得 $-x_2+x_3=0$,得基础解系 $\boldsymbol{\alpha}_2=(0,1,1)^{\mathrm{T}},\boldsymbol{\alpha}_3=(1,0,0)^{\mathrm{T}}$.

将 $\boldsymbol{\alpha}_1,\boldsymbol{\alpha}_2,\boldsymbol{\alpha}_3$ 单位化,得 $\boldsymbol{\eta}_1=\frac{1}{\sqrt{2}}\begin{bmatrix}0\\-1\\1\end{bmatrix},\boldsymbol{\eta}_2=\frac{1}{\sqrt{2}}\begin{bmatrix}0\\1\\1\end{bmatrix},\boldsymbol{\eta}_3=\begin{bmatrix}1\\0\\0\end{bmatrix}$.

取
$$\boldsymbol{Q}=(\boldsymbol{\eta}_1,\boldsymbol{\eta}_2,\boldsymbol{\eta}_3)=\begin{bmatrix}0&0&1\\-\frac{\sqrt{2}}{2}&\frac{\sqrt{2}}{2}&0\\\frac{\sqrt{2}}{2}&\frac{\sqrt{2}}{2}&0\end{bmatrix},$$

则 $\boldsymbol{Q}$ 为正交矩阵,且使 $\boldsymbol{Q}^{-1}\boldsymbol{A}\boldsymbol{Q}=\begin{bmatrix}-2&&\\&-2&\\&&4\end{bmatrix}$.

4. 解:

(1) 对于实对称的幂零矩阵 $\boldsymbol{A}(\boldsymbol{A}^2=\boldsymbol{O})$,其特征值全部是 0,故存在正交矩阵 $\boldsymbol{Q}$,使 $\boldsymbol{Q}^{-1}\boldsymbol{A}\boldsymbol{Q}=\boldsymbol{O}$,从而 $\boldsymbol{A}=\boldsymbol{Q}\boldsymbol{O}\boldsymbol{Q}^{-1}=\boldsymbol{O}$.

(2) 对于实对称的幂等矩阵 $\boldsymbol{A}(\boldsymbol{A}^2=\boldsymbol{A})$,其特征值只能是 1 或 0,故存在正交矩阵 $\boldsymbol{Q}$,

使 $\boldsymbol{Q}^{-1}\boldsymbol{A}\boldsymbol{Q}=\boldsymbol{\Lambda}=\begin{bmatrix}\boldsymbol{E}_s & \boldsymbol{O}\\ \boldsymbol{O} & \boldsymbol{O}\end{bmatrix}$,且 $R(\boldsymbol{\Lambda})=R(\boldsymbol{A})=s$.

5. 证明：

对于实对称矩阵 $\boldsymbol{A}$,存在正交矩阵 $\boldsymbol{Q}$,使 $\boldsymbol{Q}^{-1}\boldsymbol{A}\boldsymbol{Q}=\boldsymbol{\Lambda}=\mathrm{diag}(\lambda_1,\lambda_2,\cdots,\lambda_n)$,其中 λ_1,λ_2,…,λ_n 为 $\boldsymbol{A}$ 的全部特征值,都是实数.

显然,可设 $\boldsymbol{\Lambda}=[\mathrm{diag}(\sqrt[3]{\lambda_1},\sqrt[3]{\lambda_2},\cdots,\sqrt[3]{\lambda_n})]^3=C^3$,故

$$\boldsymbol{A}=\boldsymbol{Q}\boldsymbol{C}^3\boldsymbol{Q}^{-1}=(\boldsymbol{Q}\boldsymbol{C}\boldsymbol{Q}^{-1})^3.$$

令 $\boldsymbol{B}=\boldsymbol{Q}\boldsymbol{C}\boldsymbol{Q}^{-1}$,故 $\boldsymbol{B}^{\mathrm{T}}=(\boldsymbol{Q}\boldsymbol{C}\boldsymbol{Q}^{-1})^{\mathrm{T}}=\boldsymbol{Q}\boldsymbol{C}^{\mathrm{T}}\boldsymbol{Q}^{\mathrm{T}}=\boldsymbol{Q}\boldsymbol{C}\boldsymbol{Q}^{-1}=\boldsymbol{B}$,从而 $\boldsymbol{B}$ 是实对称矩阵,同时,$\boldsymbol{A}=\boldsymbol{B}^3$.

【证毕】

第 6 章　二次型

知识扫描

二次型是全书的重点，难度不大，要搞懂对角化与二次型标准形之间的联系. 读者在复习时，可借助思维导图和列举的要点着重掌握.

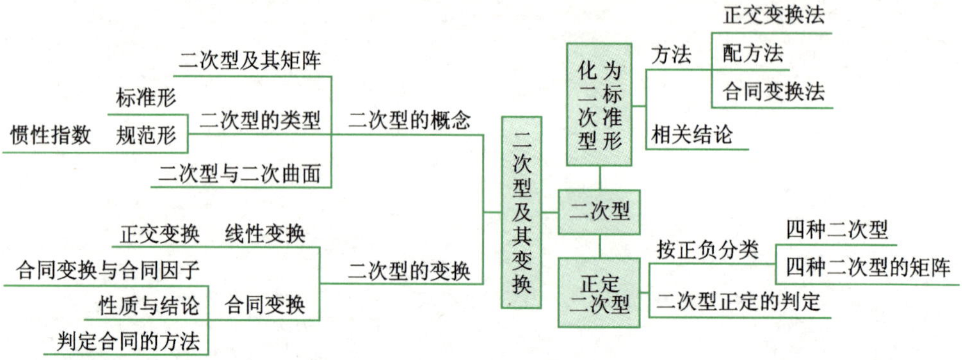

1. 掌握二次型及其矩阵表示，了解二次型秩的概念，了解合同变换和合同矩阵的概念，了解二次型的标准形、规范形的概念以及惯性定理.
2. 了解二次型与二次曲面的对应关系.
3. 掌握用正交变换化二次型为标准形的方法，会用配方法化二次型为标准形.
4. 理解正定二次型、正定矩阵的概念，并掌握其判别法.

§1　二次型及其变换

要点 1　二次型的概念★★

1. 定　义

n 个变量 $x_1,x_2,\cdots,x_n$ 的二次齐次多项式

$$f(x_1,x_2,\cdots,x_n)=\sum_{i=1}^{n}\sum_{j=1}^{n}a_{ij}x_ix_j$$

其中系数 $a_{ij}=a_{ji}(i,j=1,2,\cdots,n)$，称为 n 元二次型.

若记 $\boldsymbol{A}=(a_{ij})_{n\times n}$，$\boldsymbol{x}=(x_1,x_2,\cdots,x_n)^{\mathrm{T}}$，则二次型 $f(\boldsymbol{x})$ 可写成矩阵形式 $f(\boldsymbol{x})=\boldsymbol{x}^{\mathrm{T}}\boldsymbol{A}\boldsymbol{x}$，或简记为 $f=\boldsymbol{x}^{\mathrm{T}}\boldsymbol{A}\boldsymbol{x}$.

n 阶实对称矩阵 $\boldsymbol{A}$ 称为二次型的矩阵，实二次型与实对称矩阵是对应的.

矩阵 $\boldsymbol{A}$ 的秩称为二次型 f 的秩，记作 $R(f)$，即 $R(f)=R(\boldsymbol{A})$.

以例明理★★★

$f(x_1,x_2,x_3)=2x_1^2+x_3^2-2x_1x_2+x_2x_3$ 是关于 x_1,x_2,x_3 的三元二次型，用 x，y，z 代替得到 $f(x,y,z)=2x^2+z^2-2xy+yz$，这是关于 x,y,z 的三元二次型.

根据二次型的定义：$f(x_1,x_2,x_3)=\sum_{i=1}^{3}\sum_{j=1}^{3}a_{ij}x_ix_j, a_{ij}=a_{ji}$，可知平方项 x_i^2 的系数即为 a_{ii}，交叉项 $x_ix_j(i\neq j)$ 系数的一半即为 a_{ij}，从而二次型 f 的矩阵

$$\boldsymbol{A}=(a_{ij})=\begin{bmatrix}2 & -1 & 0\\ -1 & 0 & \frac{1}{2}\\ 0 & \frac{1}{2} & 1\end{bmatrix}.$$

2. 二次型的类型

(1) 只含平方项的二次型 $f=b_1y_1^2+b_2y_2^2+\cdots+b_ny_n^2$ 为标准形式的二次型，简称为标准形.

(2) 若在标准形中，平方项的系数只为 -1,0 或 1，即

$$f=x_1^2+x_2^2+x_p^2-x_{p+1}^2-\cdots-x_{p+q}^2,$$

则称其为二次型的规范形. 它所对应的矩阵 $\boldsymbol{B}$ 又叫做矩阵 $\boldsymbol{A}$ 的规范形，p 称为 f 或 $\boldsymbol{A}$ 的正惯性指数，q 称为 f 或 $\boldsymbol{A}$ 的负惯性指数，$p-q$ 称为 f 或 $\boldsymbol{A}$ 的符号差.

显然，$R(f)=R(A)=p+q$.

二次型的矩阵的特征值正负个数与正负惯性指数对应.

二次型的标准形不唯一，但规范形唯一.

3. 二次型与二次曲面

设 $\boldsymbol{A}$ 是 3 元二次型 f 的矩阵，它有实特征值 $\lambda_1,\lambda_2,\lambda_3$，特征值取值情况不同，二次型对应的二次曲面也相应不同，具体情况如表 6－1 所列：

表 6－1

$\lambda_1,\lambda_2,\lambda_3$ 的符号		$f=a>0$		$f=0$
3 正	有 2 相等	椭球面	旋转椭球面	
	都相等		球面	
	互不相等		椭球面	

续表 6-1

$\lambda_1,\lambda_2,\lambda_3$ 的符号		$f=a>0$		$f=0$
2 正 1 负	2 正相等	单叶双曲面	旋转单叶双曲面	圆锥面
	2 正不等		单叶双曲面	椭圆锥面
1 正 2 负	2 负相等	双叶双曲面	旋转双叶双曲面	圆锥面
	2 负不等		双叶双曲面	椭圆锥面
2 正 1 零	2 正相等	椭圆柱面	圆柱面	
	2 正不等		椭圆柱面	
1 正 1 负 1 零		双曲柱面		

对于 $f=b<0$ 的情况，可两方(特征值和 b)同时乘以负号，将之视为表 6-1 中 $f=a>0$ 的情况来处理.

用特征值来观察二次型和二次曲面的关系，与将二次型化为标准形后用平方项的系数来观察二次型和二次曲面的关系是一致的.

【举例】

1. 设 $f(x_1,x_2,x_3)=x_1^2+tx_2^2+3x_3^2+2x_1x_2$，当 $t=($　　$)$时，f 的秩为 2.

A. 0　　　　B. 1　　　　C. 2　　　　D. 3

2. 已知二次型的矩阵为 $\begin{bmatrix}1 & 3 & 5\\ 3 & -2 & -4\\ 5 & -4 & -1\end{bmatrix}$，则它对应的二次型的表达式为________.

(未知量用 x,y,z 表示)

3. 二次型 $f(x_1,x_2,x_3)=x_1^2+x_2^2+x_3^2+4x_1x_2$ 的正惯性指数 $p=$____，负惯性指数 $q=$____，方程 $f(x_1,x_2,x_3)=-1$ 表示________曲面.

【解析】

1. 解：

二次型的矩阵为 $\begin{bmatrix}1 & 1 & 0\\ 1 & t & 0\\ 0 & 0 & 3\end{bmatrix}$，若 f 的秩为 2，则矩阵的一二行成比例，故 $t=1$.

因此，应选 B.

2. 解：

直接根据其矩阵写出二次型表达式：$x^2-2y^2-z^2+6xy+10xz-8yz$.

因此，应填 $x^2-2y^2-z^2+6xy+10xz-8yz$.

3. 解：

二次型 f 的矩阵为 $\boldsymbol{A}=\begin{bmatrix}1 & 2 & 0\\ 2 & 1 & 0\\ 0 & 0 & 1\end{bmatrix}$. 解特征多项式

$$|\lambda E-A|=\begin{vmatrix}\lambda-1 & -2 & 0\\ -2 & \lambda-1 & 0\\ 0 & 0 & \lambda-1\end{vmatrix}=(\lambda-1)(\lambda-3)(\lambda+1)=0,$$

得 A 的特征值为 1,3,−1,从而所求正惯性指数为 2,负惯性指数为 1.

因为 A 的特征值 2 正 1 负,所以根据二次型和二次曲面的对应关系,$f(x_1,x_2,x_3)=-1$ 表示双叶双曲面.

因此,应填 2,1,双叶双.

要点 2 二次型的变换★★

1. 线性变换

设 $P=(p_{ij})_{m\times n}$,$x=(x_1,x_2,\cdots,x_n)^T$,$y=(y_1,y_2,\cdots,y_n)^T$,则称 $x=Py$ 为变量 $y_1,y_2,\cdots,y_n$ 到变量 $x_1,x_2,\cdots,x_n$ 的一个线性变换.

当 P 是可逆矩阵时,称其为可逆线性变换,可逆线性变换又称为满秩线性变换和非退化线性变换,对应地不可逆线性变换又称为降秩线性变换和退化线性变换.

当 P 是正交矩阵时,称其为正交线性变换,简称为正交变换.

2. 合同变换

(1) 对于 n 阶矩阵 A,B,如果有 n 阶可逆矩阵 P,使得 $P^TAP=B$,则称矩阵 A 与 B 合同(或相合),记作 $A\simeq B$,称 P^TAP 为对 A 的合同变换,P 称为合同因子或合同变换矩阵.

若合同变换矩阵 P 是初等矩阵,则称 P^TAP 为初等合同变换.

(2) 性质:合同变换不改变矩阵的对称性和秩.

(3) $P(i,j)^T=P(i,j)$;$P(i[k])^T=P(i[k])$;$P(i,j[k])^T=P(j,i[k])$.

(4) 判定是否合同的方法★★★

① 两个同阶实对称矩阵合同⇔具有相同的秩和正惯性指数

⇔具有相同的正负惯性指数.

② 若两个实对称矩阵具有相同的特征值,则其合同.

③ 若两个实对称矩阵相似,则其合同,但合同未必相似.

④ 对称矩阵与不对称矩阵不合同.

【举例】

1. 设矩阵 $A=\begin{bmatrix}2&0&0\\0&3&0\\0&0&-1\end{bmatrix}$,则 A 合同于( ).

A. $\begin{bmatrix}2&0&0\\0&3&0\\0&0&1\end{bmatrix}$ B. $\begin{bmatrix}-2&0&0\\0&-3&0\\0&0&1\end{bmatrix}$

C. $\begin{bmatrix}1&0&0\\0&1&0\\0&0&-1\end{bmatrix}$　　D. $\begin{bmatrix}-2&0&0\\0&3&0\\0&0&-1\end{bmatrix}$

2. 设矩阵 $\boldsymbol{A}=\begin{bmatrix}1&1&1\\1&1&1\\1&1&1\end{bmatrix}$，$\boldsymbol{B}=\begin{bmatrix}3&&\\&0&\\&&0\end{bmatrix}$，则 $\boldsymbol{A}$ 与 $\boldsymbol{B}$ 的关系为(　).

A. 合同且相似　　B. 相似但不合同

C. 合同但不相似　　D. 既不合同也不相似

3. 对于二次型 $f=\boldsymbol{x}^{\mathrm{T}}\boldsymbol{A}\boldsymbol{x}$，其中 $\boldsymbol{A}$ 为 n 阶实对称矩阵，下列各结论中正确的是(　).

A. 化 f 为标准形的可逆线性变换是唯一的

B. 化 f 为规范形的可逆线性变换是唯一的

C. f 的标准形是唯一的

D. f 的规范形是唯一的

【解析】

1. 解：

矩阵合同要求正负惯性指数相同，而矩阵 $\boldsymbol{A}$ 的正惯性指数为 2，负惯性指数为 1. 四个选项中满足这一条件的只有选项 C.

因此，应选 C.

2. 解：

解特征多项式

$$|\boldsymbol{A}-\lambda\boldsymbol{E}|=\begin{vmatrix}1-\lambda&1&1\\1&1-\lambda&1\\1&1&1-\lambda\end{vmatrix}=\begin{vmatrix}-\lambda&\lambda&0\\0&-\lambda&\lambda\\1&1&1-\lambda\end{vmatrix}=\lambda^2(3-\lambda)=0,$$

得矩阵 $\boldsymbol{A}$ 的特征值为 0，0，3. 因此，矩阵 $\boldsymbol{A}$ 与矩阵 $\boldsymbol{B}$ 相似.

又因为 $\boldsymbol{A}$，$\boldsymbol{B}$ 都是实对称矩阵，而实对称矩阵相似一定合同，所以两矩阵既相似又合同.

因此，应选 A.

3. 解：

将二次型转化为规范形和标准形时，线性变换都是不唯一的，因此选项 A、B 错误. 二次型的标准形不唯一，规范形唯一. 因为标准形对平方项的系数没有限制，例如 $4x^2=(2x)^2$，做一个变换其标准形就改变了. 但规范形要求其平方项的系数为 ±1，0，二次型的正负惯性指数是不变量，所以规范形是唯一的. 于是，选项 C 错误，选项 D 正确.

因此，应选 D.

§2 化二次型为标准形

要点1 化二次型为标准形的方法★★★

1. 正交变换法

于任意 n 元实二次型 $f=\boldsymbol{x}^{\mathrm{T}}\boldsymbol{A}\boldsymbol{x}$，必有正交变换 $\boldsymbol{x}=\boldsymbol{Q}\boldsymbol{y}$，将 f 化二次型为标准形 $f=\lambda_1y_1^2+\lambda_2y_2^2+\cdots+\lambda_ny_n^2$，其中 $\lambda_1,\lambda_2,\cdots,\lambda_n$ 是矩阵 $\boldsymbol{A}$ 的 n 个特征值，$\boldsymbol{Q}$ 的列向量组是 $\boldsymbol{A}$ 的两两正交的单位特征向量，并与特征值 $\lambda_1,\lambda_2,\cdots,\lambda_n$ 相对应.

2. 配方法

(1) 依次集中各平方项配方(可以不从 x_1^2 开始)，直至处理完所有平方项. 每次集中平方项 x_i^2 配方时，一定要用完所有含有 x_i 的交叉项.

若不含平方项 x_i^2,x_j^2，但有交叉项 x_ix_j，应令 $\begin{cases}x_i=y_s+y_t\\x_j=y_s-y_t\end{cases}$.

除了以上方法，在使用其他思路的配方法时，务必要保证线性变换 $\boldsymbol{x}=\boldsymbol{P}\boldsymbol{y}$ 中的 $\boldsymbol{P}$ 是可逆矩阵.

(2) 通过配方法，找到可逆线性变换 $\boldsymbol{x}=\boldsymbol{P}\boldsymbol{y}$，将 f 化为标准形

$$f=b_1y_1^2+b_2y_2^2+\cdots+b_ny_n^2.$$

3. 合同变换法(了解即可)

通过 $\begin{bmatrix}\boldsymbol{A}\\\boldsymbol{E}\end{bmatrix}\xrightarrow[\text{相同初等}\atop\text{列变换}]{\text{合同变换}}\begin{bmatrix}\boldsymbol{\Lambda}\\\boldsymbol{P}\end{bmatrix}$ 或 $(\boldsymbol{A}\vdots\boldsymbol{E})\xrightarrow[\boldsymbol{E}\text{ 进行相同初等行变换}]{\boldsymbol{A}\text{ 进合同变换}}(\boldsymbol{\Lambda}\vdots\boldsymbol{P}^{\mathrm{T}})$，可得可逆线性变换 $\boldsymbol{x}=\boldsymbol{P}\boldsymbol{y}$，将 f 化为标准形 $f=b_1y_1^2+b_2y_2^2+\cdots+b_ny_n^2$.

要点2 相关结论★★

(1) 任何实对称矩阵必可与一个对角矩阵合同；任何合同变换必可经过有限次初等合同变换实现.

(2) 惯性定理：实二次型必可经过可逆线性变换化为规范形. 实规范形是唯一的.

(3) 若实对称矩阵 $\boldsymbol{A}\simeq\boldsymbol{\Lambda}$，则 $\boldsymbol{\Lambda}$ 的主对角元中正数的个数即是 $\boldsymbol{A}$ 的正惯性指数，负数的个数即是 $\boldsymbol{A}$ 的负惯性指数.

【举例】

1. 设三阶实对称矩阵 $\boldsymbol{A}$ 的特征值为 1,2,3，其中 1,2 对应的特征向量分别为 $\boldsymbol{\alpha}_1=(1,0,0)^{\mathrm{T}}$，$\boldsymbol{\alpha}_2=(0,1,1)^{\mathrm{T}}$，求一正交变换 $\boldsymbol{x}=\boldsymbol{P}\boldsymbol{y}$，将二次型 $f=\boldsymbol{x}^{\mathrm{T}}\boldsymbol{A}\boldsymbol{x}$ 化为标准形.

2. 设二次型 $f(x_1,x_2,x_3)=\boldsymbol{x}^{\mathrm{T}}\boldsymbol{A}\boldsymbol{x}=ax_1^2+2x_2^2-2x_3^2+2bx_1x_3\,(b>0)$，其中二次型

的矩阵 $\boldsymbol{A}$ 的特征值之和为 1,特征值之积为 -12.

(1) 求 a,b 值;

(2) 利用正交变换将二次型 f 化为标准形,并写出所用的正交变换和对应的正交矩阵.

3. 设二次型 $f(x_1,x_2,x_3)=4{x_1}^2+3{x_2}^2+2x_2x_3+3{x_3}^2$.

(1) 用配方法将二次型化为标准形,并写出所用的可逆线性变换;

(2) 用合同变换法将二次型化为标准形,并写出所用的可逆线性变换.

【解析】

1. 解:

设特征值 3 对应的特征向量 $\boldsymbol{\alpha}_3=(x_1,x_2,x_3)^{\mathrm{T}}$. 因为实对称矩阵属于不同特征值的特征向量彼此正交,所以 ${\boldsymbol{\alpha}_3}^{\mathrm{T}}\boldsymbol{\alpha}_1=0,{\boldsymbol{\alpha}_3}^{\mathrm{T}}\boldsymbol{\alpha}_2=0$,故

$$\begin{cases} x_1=0 \\ x_2+x_3=0 \end{cases}.$$

求得一个基础解系为 $(0,1,-1)^{\mathrm{T}}$,可取 $\boldsymbol{\alpha}_3=(0,1,-1)^{\mathrm{T}}$.

将 $\boldsymbol{\alpha}_1,\boldsymbol{\alpha}_2,\boldsymbol{\alpha}_3$ 单位化得

$$\boldsymbol{\eta}_1=\begin{bmatrix}1\\0\\0\end{bmatrix},\quad \boldsymbol{\eta}_2=\begin{bmatrix}0\\ \frac{1}{\sqrt{2}}\\ \frac{1}{\sqrt{2}}\end{bmatrix},\quad \boldsymbol{\eta}_3=\begin{bmatrix}0\\ \frac{1}{\sqrt{2}}\\ -\frac{1}{\sqrt{2}}\end{bmatrix}.$$

因此,所求正交矩阵

$$\boldsymbol{P}=(\boldsymbol{\eta}_1,\boldsymbol{\eta}_2,\boldsymbol{\eta}_3)=\begin{bmatrix}1&0&0\\0&\frac{1}{\sqrt{2}}&\frac{1}{\sqrt{2}}\\0&\frac{1}{\sqrt{2}}&-\frac{1}{\sqrt{2}}\end{bmatrix},$$

在正交变换 $\boldsymbol{x}=\boldsymbol{P}\boldsymbol{y}$ 下,二次型 $f=\boldsymbol{x}^{\mathrm{T}}\boldsymbol{A}\boldsymbol{x}$ 的标准形为 $y_1^2+2y_2^2+3y_3^2$.

2. 解:

(1) 写出二次型对应的矩阵 $\boldsymbol{A}=\begin{bmatrix}a&0&b\\0&2&0\\b&0&-2\end{bmatrix}$.

因为特征值之和等于矩阵的迹,特征值之积等于矩阵的行列式,所以

$$\begin{cases} 1=\operatorname{tr}(\boldsymbol{A})=a+2-2=a \\ -12=2(-2a-b^2) \end{cases},$$

结合 $b>0$,解得 $a=1,b=2$.

(2) 由(1)得 $\boldsymbol{A}=\begin{bmatrix}1&0&2\\0&2&0\\2&0&-2\end{bmatrix}$. 解特征多项式

$$|\lambda \boldsymbol{E}-\boldsymbol{A}|=\begin{vmatrix}\lambda-1 & 0 & 2\\ 0 & \lambda-2 & 0\\ 2 & 0 & \lambda+2\end{vmatrix}=(\lambda+3)(\lambda-2)^2=0,$$

得 $\lambda_1=\lambda_2=2,\lambda_3=-3$.

当 $\lambda_1=\lambda_2=2$ 时，解方程 $(2\boldsymbol{E}-\boldsymbol{A})\boldsymbol{x}=\boldsymbol{0}$，得其基础解系

$$\boldsymbol{\xi}_1=(2,0,1)^{\mathrm{T}},\boldsymbol{\xi}_2=(0,1,0)^{\mathrm{T}}.$$

当 $\lambda_3=-3$ 时，解方程 $(-3\boldsymbol{E}-\boldsymbol{A})\boldsymbol{x}=\boldsymbol{0}$，得其基础解系

$$\boldsymbol{\xi}_3=(1,0,-2)^{\mathrm{T}}.$$

向量 $\boldsymbol{\xi}_1,\boldsymbol{\xi}_2,\boldsymbol{\xi}_3$ 已经正交，单位化得

$$\boldsymbol{\eta}_1=\begin{bmatrix}\frac{2}{\sqrt{3}}\\ 0\\ \frac{1}{\sqrt{3}}\end{bmatrix},\quad \boldsymbol{\eta}_2=\begin{bmatrix}0\\1\\0\end{bmatrix},\quad \boldsymbol{\eta}_3=\begin{bmatrix}\frac{1}{\sqrt{5}}\\ 0\\ -\frac{2}{\sqrt{5}}\end{bmatrix}.$$

因此，所求正交矩阵 $\boldsymbol{Q}=\begin{bmatrix}0 & \frac{2}{\sqrt{5}} & \frac{1}{\sqrt{5}}\\ 1 & 0 & 0\\ 0 & \frac{1}{\sqrt{5}} & -\frac{2}{\sqrt{5}}\end{bmatrix}$，在正交变换 $\boldsymbol{x}=\boldsymbol{P}\boldsymbol{y}$ 下，

$$f=\boldsymbol{x}^{\mathrm{T}}\boldsymbol{A}\boldsymbol{x}\overset{x=Qy}{=}\boldsymbol{y}^{\mathrm{T}}\boldsymbol{Q}^{\mathrm{T}}\boldsymbol{A}\boldsymbol{Q}\boldsymbol{y}=\boldsymbol{y}^{\mathrm{T}}\begin{bmatrix}2 & & \\ & 2 & \\ & & -3\end{bmatrix}\boldsymbol{y},$$

即 $f=2y_1^2+2y_2^2-3y_3^2$.

3. 解：

(1) 依次集中 x_1,x_2,x_3 配方得，

$$f=4x_1^2+3x_2^2+2x_2x_3+3x_3^2=4x_1^2+3(x_2+\frac{1}{3}x_3)^2+\frac{8}{3}x_3^2.$$

令 $\begin{cases}y_1=x_1\\ y_2=x_2+\frac{1}{3}x_3\\ y_3=x_3\end{cases}$，即 $\begin{cases}x_1=y_1\\ x_2=y_2-\frac{1}{3}y_3\\ x_3=y_3\end{cases}$，故所用的可逆的线性变换为

$$\begin{bmatrix}x_1\\x_2\\x_3\end{bmatrix}=\begin{bmatrix}1 & 0 & 0\\ 0 & 1 & -\frac{1}{3}\\ 0 & 1 & 1\end{bmatrix}\begin{bmatrix}y_1\\y_2\\y_3\end{bmatrix},$$

其可将二次型化为标准形 $f=4y_1^2+3y_2^2+\frac{8}{3}y_3^2$.

也可如下方法配方：

依题意,配方得

$$f=4x_1^2+3x_2^2+2x_2x_3+3x_3^2=4x_1^2+3(x_2+x_3)^2-4x_2x_3.$$

令$\begin{cases}x_1=y_1\\x_2=y_2+y_3\\x_3=y_2-y_3\end{cases}$,故所用的可逆的线性变换为

$$\begin{bmatrix}x_1\\x_2\\x_3\end{bmatrix}=\begin{bmatrix}1&0&0\\0&1&1\\0&1&-1\end{bmatrix}\begin{bmatrix}y_1\\y_2\\y_3\end{bmatrix},$$

其可将二次型化为标准形

$$f=4y_1^2+3(2y_2)^2-4(y_2+y_3)(y_2-y_3)=4y_1^2+8y_2^2+4y_3^2.$$

(2) $\boldsymbol{A}$ 进行合同变换,$\boldsymbol{E}$ 仅进行相同的行变换:

$$(\boldsymbol{A},\boldsymbol{E})=\left[\begin{array}{ccc:ccc}4&0&0&1&0&0\\0&3&1&0&1&0\\0&1&3&0&0&1\end{array}\right]\xrightarrow[c_3\times 3]{r_3\times 3}\left[\begin{array}{ccc:ccc}4&0&0&1&0&0\\0&3&3&0&1&0\\0&3&27&0&0&3\end{array}\right]\xrightarrow[-c_2\times c_3]{-r_2+r_3}$$

$$\left[\begin{array}{ccc:ccc}4&0&0&1&0&0\\0&3&0&0&1&0\\0&0&24&0&-1&3\end{array}\right].$$

从而 $\boldsymbol{P}^{\mathrm{T}}=\begin{bmatrix}1&0&0\\0&1&0\\0&-1&3\end{bmatrix}$,即 $\boldsymbol{P}=\begin{bmatrix}1&0&0\\0&1&-1\\0&0&3\end{bmatrix}$,故所用的可逆线性变换为 $\boldsymbol{x}=\boldsymbol{P}\boldsymbol{y}$,其可将二次型的标准形代为

$$f=4y_1^2+3y_2^2+24y_3^2.$$

§3 正定二次型

要点1 二次型按正负分类★★

设有实二次型 $f=\boldsymbol{x}^{\mathrm{T}}\boldsymbol{A}\boldsymbol{x}$. 若对任何非零实向量 $\boldsymbol{x}$,都有$\begin{cases}f(\boldsymbol{x})>0\\f(\boldsymbol{x})\geqslant 0\\f(\boldsymbol{x})<0\\f(\boldsymbol{x})\leqslant 0\end{cases}$,则称 f 为$\begin{cases}\text{正定二次型}\\\text{半正定二次型}\\\text{负定二次型}\\\text{半负定二次型}\end{cases}$. 对应地,二次型的矩阵 $\boldsymbol{A}$ 称为$\begin{cases}\text{正定矩阵}\\\text{半正定矩阵}\\\text{负定矩阵}\\\text{半负定矩阵}\end{cases}$.

要点 2　二次型正定的判定★★★

（1）可逆线性变换保持实二次型的正定性.

（2）n 元实二次型 $f=\boldsymbol{x}^{\mathrm{T}}\boldsymbol{A}\boldsymbol{x}$（或 n 阶实对称矩阵 $\boldsymbol{A}$）正定.

$\Leftrightarrow$其标准形中 n 个平方项的系数全都大于零$\Leftrightarrow\boldsymbol{A}$ 的特征值全大于零.

$\Leftrightarrow\boldsymbol{A}$ 的正惯性指数为 $n\Leftrightarrow\boldsymbol{A}$ 的所有顺序主子式的值全大于零.

$\Leftrightarrow\boldsymbol{A}\simeq\boldsymbol{E}\Leftrightarrow$有可逆矩阵 $\boldsymbol{C}$，使得 $\boldsymbol{A}=\boldsymbol{C}\boldsymbol{C}^{\mathrm{T}}$.

【举例】

1. 设矩阵 $\boldsymbol{A}=\begin{bmatrix}3&2&0\\2&4&-2\\0&-2&5\end{bmatrix}$ 正定，则与 $\boldsymbol{A}$ 相似的对角矩阵为（　）.

A. $\begin{bmatrix}1&&\\&2&\\&&10\end{bmatrix}$　B. $\begin{bmatrix}2&&\\&0&\\&&10\end{bmatrix}$　C. $\begin{bmatrix}1&&\\&4&\\&&7\end{bmatrix}$　D. $\begin{bmatrix}6&&\\&7&\\&&-1\end{bmatrix}$

2. 设矩阵 $\boldsymbol{A}=(a_{ij})_{3\times3}$ 正定，则 $\boldsymbol{B}=((-1)^{i+j}a_{ij})_{3\times3}$ 必为（　）.

A. 负定矩阵　B. 正定矩阵　C. 半负定矩阵　D. 半正定矩阵

3. 设 $\boldsymbol{A}=(a_{ij})_{n\times n}$ 为实对称矩阵，二次型 $f=\sum\limits_{i=1}^{n}(a_{i1}x_1+a_{i2}x_2+\cdots+a_{in}x_n)^2$ 为正定的充要条件是（　）.

A. $|\boldsymbol{A}|=0$　B. $|\boldsymbol{A}|\neq0$　C. $|\boldsymbol{A}|>0$　D. $|\boldsymbol{A}|<0$

4. 二次型 $f(x_1,x_2,x_3)=2x_1{}^2+x_2{}^2+x_3{}^2-2tx_1x_2+2x_1x_3$ 正定时，t 应满足的条件是________.

5. 设 $f(x_1,x_2,\cdots,x_n)=\boldsymbol{x}^{\mathrm{T}}\boldsymbol{A}\boldsymbol{x}$ 是一实二次型，$\lambda_1,\lambda_2,\cdots,\lambda_n$ 是 A 的特征值，且 $\lambda_1\leqslant\lambda_2\leqslant\cdots\leqslant\lambda_n$. 证明对于任一实 n 维列向量 $\boldsymbol{x}$ 有 $\lambda_1\boldsymbol{x}^{\mathrm{T}}x\leqslant\boldsymbol{x}^{\mathrm{T}}\boldsymbol{A}\boldsymbol{x}\leqslant\lambda_n\boldsymbol{x}^{\mathrm{T}}\boldsymbol{x}$.

6. 设 $\boldsymbol{A}$ 是 n 阶正定矩阵，证明 $|\boldsymbol{A}+2\boldsymbol{E}|>2^n$.

7. 设 $\boldsymbol{A}_{m\times n}$ 为实矩阵，若 $R(\boldsymbol{A})=n$，试证 $\boldsymbol{A}^{\mathrm{T}}\boldsymbol{A}$ 为正定矩阵.

【解析】

1. 解：

由于 $\boldsymbol{A}$ 正定，故 $\boldsymbol{A}$ 的特征值全大于零，从而选项 BD 错误. 又 $tr\boldsymbol{A}$ 等于 $\boldsymbol{A}$ 的特征值之和，从而选项 A 错误，选项 C 正确.

因此，应选 C.

2. 解：

由题 $\boldsymbol{B}=\begin{bmatrix}a_{11}&-a_{12}&a_{13}\\-a_{12}&a_{22}&-a_{23}\\a_{13}&-a_{23}&a_{33}\end{bmatrix}$，从而 $\boldsymbol{B}$ 的顺序主子式为

$$B_1=a_{11},\quad B_2=\begin{vmatrix}a_{12}&-a_{12}\\-a_{12}&a_{22}\end{vmatrix},\quad B_3=\begin{vmatrix}a_{11}&-a_{12}&a_{13}\\-a_{12}&a_{22}&-a_{23}\\a_{13}&-a_{23}&a_{33}\end{vmatrix}.$$

显然，$\boldsymbol{B}$ 的顺序主子式与 $\boldsymbol{A}$ 的顺序主子式 A_1,A_2,A_3 满足 $B_1=A_1,B_2=A_2$，

$$B_3=a_{11}\begin{vmatrix} a_{22} & -a_{23} \\ -a_{23} & a_{33}\end{vmatrix}+(-a_{12})\left(-\begin{vmatrix} -a_{12} & -a_{23} \\ a_{13} & a_{33}\end{vmatrix}\right)+a_{13}\begin{vmatrix} -a_{12} & a_{12} \\ a_{13} & -a_{13}\end{vmatrix}$$

$$=a_{11}\begin{vmatrix} a_{22} & a_{23} \\ a_{23} & a_{33}\end{vmatrix}+a_{12}\left(-\begin{vmatrix} a_{12} & a_{23} \\ a_{13} & a_{33}\end{vmatrix}\right)+a_{13}\begin{vmatrix} a_{12} & a_{12} \\ a_{13} & a_{13}\end{vmatrix}=A_3.$$

从而 $\boldsymbol{B}$ 也正定.

因此，应选 B.

3. 解：

显然，$a_{i_1}x_1+a_{i_2}x_2+\cdots+a_{i_n}x_n=0(i=1,2,\cdots,n)$ 构成齐次线性方程组 $\boldsymbol{Ax}=\boldsymbol{0}$. 二次型正定，即 $a_{i_1}x_1+a_{i_2}x_2+\cdots+a_{i_n}x_n=0(i=1,2,\cdots,n)$ 无非零解，也即 $\boldsymbol{Ax}=\boldsymbol{0}$ 无非零解，从而 $|\boldsymbol{A}|\neq 0$.

因此，应选 B.

4. 解：

方法一　配方法

由于 $f=2x_1^2+x_2^2+x_3^2-2tx_1x_2+2x_1x_3$ 正定，

$$f=2\left(x_1-\frac{t}{2}x_2+\frac{1}{2}x_3\right)^2+\left(1-\frac{t^2}{2}\right)x_2^2+\frac{1}{2}x_3^2-\frac{t}{2}x_2x_3$$

$$=2\left(x_1-\frac{t}{2}x_2+\frac{1}{2}x_3\right)^2+\frac{1}{2}\left(x_3-\frac{t}{2}x_2\right)^2+(1-t^2)x_2^2.$$

因此 f 正定，故 $1-t^2>0$，即 $-1<t<1$.

方法二　顺序主子式法

f 的矩阵 $\boldsymbol{A}=\begin{bmatrix} 2 & -t & 1 \\ -t & 1 & 0 \\ 1 & 0 & 1\end{bmatrix}$. 因此 f 正定，故 $\begin{cases}\begin{vmatrix} 2 & -t \\ -t & 1\end{vmatrix}>0 \\ \begin{vmatrix} 2 & -t & 1 \\ -t & 1 & 0 \\ 1 & 0 & 1\end{vmatrix}>0\end{cases}$，即 $-1<t<1$.

方法三　合同变换法

f 的矩阵 $\boldsymbol{A}=\begin{bmatrix} 2 & -t & 1 \\ -t & 1 & 0 \\ 1 & 0 & 1\end{bmatrix}$，通过合同变换将 A 化为标准形：

$$\boldsymbol{A}=\begin{bmatrix} 2 & -t & 1 \\ -t & 1 & 0 \\ 1 & 0 & 1\end{bmatrix}\xrightarrow[c_1\leftrightarrow c_3]{r_1\leftrightarrow r_3}\begin{bmatrix} 1 & 0 & 1 \\ 0 & 1 & -t \\ 1 & -t & 2\end{bmatrix}\xrightarrow[-r_2+r_3,\,-c_2+c_3]{-r_1+r_3,\,-c_1+c_3}\begin{bmatrix} 1 & 0 & 0 \\ 0 & 1 & 0 \\ 0 & 0 & 1-t^2\end{bmatrix}.$$

因此 f 正定，故 $1-t^2>0$，即 $-1<t<1$.

方法四　特征值法

f 的矩阵 $\boldsymbol{A}=\begin{bmatrix} 2 & -t & 1 \\ -t & 1 & 0 \\ 1 & 0 & 1\end{bmatrix}$，解特征多项式

$$|\lambda \boldsymbol{E}-\boldsymbol{A}|=\begin{vmatrix}\lambda-2 & t & -1\\ t & \lambda-1 & 0\\ -1 & 0 & \lambda-1\end{vmatrix}=(\lambda-1)(\lambda^2-3\lambda+1-t^2)=0,$$

得
$$\begin{cases}\lambda_1=1\\ \lambda_2+\lambda_3=3\\ \lambda_2\cdot\lambda_3=1-t^2\end{cases}.$$

因此 f 正定，故 $\boldsymbol{A}$ 的特征值均大于 0，从而 $1-t^2>0$，即 $-1<t<1$.

因此，应填 $-1<t<1$.

5. 证明：

因为 $f(x_1,x_2,\cdots,x_n)=\boldsymbol{x}^{\mathrm{T}}\boldsymbol{A}\boldsymbol{x}$ 是一实二次型，所以存在正交变换 $\boldsymbol{x}=\boldsymbol{P}\boldsymbol{y}$，使

$$f(x_1,x_2,\ldots,x_n)=\lambda_1 y_1^2+\lambda_2 y_2^2+\ldots+\lambda_n y_n^2.$$

因为 $\lambda_1\leqslant\lambda_2\leqslant\cdots\leqslant\lambda_n$，所以

$$\lambda_1(y_1^2+y_2^2+\cdots+y_n^2)\leqslant\lambda_1 y_1^2+\lambda_2 y_2^2+\cdots+\lambda_n y_n^2\leqslant\lambda_n(y_1^2+y_2^2+\cdots+y_n^2),$$

亦即 $\lambda_1\boldsymbol{y}^{\mathrm{T}}\boldsymbol{y}\leqslant f(x_1 x_2\ldots x_n)\leqslant\lambda_n\boldsymbol{y}^{\mathrm{T}}\boldsymbol{y}$.

又因为 $\boldsymbol{x}^{\mathrm{T}}\boldsymbol{x}=\boldsymbol{y}^{\mathrm{T}}\boldsymbol{P}^{\mathrm{T}}\boldsymbol{P}\boldsymbol{y}=\boldsymbol{y}^{\mathrm{T}}\boldsymbol{y}$，所以 $\lambda_1\boldsymbol{x}^{\mathrm{T}}\boldsymbol{x}\leqslant\boldsymbol{x}^{\mathrm{T}}\boldsymbol{A}\boldsymbol{x}\leqslant\lambda_n\boldsymbol{x}^{\mathrm{T}}\boldsymbol{x}$.

【证毕】

6. 证明：

因为 $\boldsymbol{A}$ 是正定矩阵，所以存在正交矩阵 $\boldsymbol{P}$，使得

$$\boldsymbol{P}^{-1}\boldsymbol{A}\boldsymbol{P}=\boldsymbol{P}^{\mathrm{T}}\boldsymbol{A}\boldsymbol{P}=\begin{bmatrix}\lambda_1 & & & \\ & \lambda_2 & & \\ & & \ddots & \\ & & & \lambda_n\end{bmatrix}=\boldsymbol{\Lambda},$$

其中 $\lambda_i>0(i=1,2,\ldots,n)$ 是 $\boldsymbol{A}$ 的特征值，所以 $\boldsymbol{A}=\boldsymbol{P}\boldsymbol{\Lambda}\boldsymbol{P}^{-1}$. 于是，

$$\begin{aligned}|\boldsymbol{A}+2\boldsymbol{E}|&=|\boldsymbol{P}\boldsymbol{\Lambda}\boldsymbol{P}^{-1}+2\boldsymbol{E}|=|\boldsymbol{P}(\boldsymbol{\Lambda}+2\boldsymbol{E})\boldsymbol{P}^{-1}|\\&=|\boldsymbol{P}|\,|\boldsymbol{\Lambda}+2\boldsymbol{E}|\,|\boldsymbol{P}^{-1}|=\prod_{i=1}^{n}(\lambda_i+2).\end{aligned}$$

由于 $\lambda_i+2>2(i=1,2,\ldots,n)$，故 $|\boldsymbol{A}+2\boldsymbol{E}|>2^n$.

【证毕】

7. 证明：

因为 $(\boldsymbol{A}^{\mathrm{T}}\boldsymbol{A})^{\mathrm{T}}=\boldsymbol{A}^{\mathrm{T}}(\boldsymbol{A}^{\mathrm{T}})^{\mathrm{T}}=\boldsymbol{A}^{\mathrm{T}}A$，所以 $\boldsymbol{A}^{\mathrm{T}}\boldsymbol{A}$ 为对称矩阵.

又因为 $R(\boldsymbol{A})=n$，所以对任给的 n 维列向量 $\boldsymbol{x}\neq 0$，恒有 $\boldsymbol{A}\boldsymbol{x}\neq 0$.

于是，$\boldsymbol{x}^{\mathrm{T}}(\boldsymbol{A}^{\mathrm{T}}\boldsymbol{A})\boldsymbol{x}=(\boldsymbol{A}\boldsymbol{x})^{\mathrm{T}}\boldsymbol{A}\boldsymbol{x}=\|\boldsymbol{A}\boldsymbol{x}\|^2>0$，从而 $\boldsymbol{x}^{\mathrm{T}}(\boldsymbol{A}^{\mathrm{T}}\boldsymbol{A})\boldsymbol{x}$ 是正定二次型，故 $\boldsymbol{A}^{\mathrm{T}}\boldsymbol{A}$ 为正定矩阵.

【证毕】

第 7 章　线性空间与线性变换

知识扫描

线性空间与线性变换是全书的首尾章节，一些教材里并不单独成章，其难度较小，重点搞懂第二节即可.读者在复习时，可借助思维导图和列举的要点着重掌握.

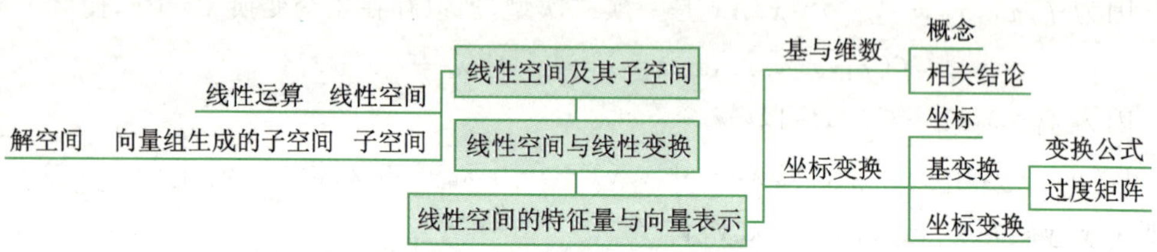

1. 了解 n 维向量空间、子空间、基底、维数、坐标等概念.
2. 了解基变换和坐标变换公式，会求过渡矩阵.

§1　线性空间及其子空间

要点 1　线性空间

1. 线性运算

(1) 设 V 是一非空集合，F 是一个数域.若能定义一种 V 的元素间的运算，叫做加法：对于 V 中任意两个元素 $\boldsymbol{\alpha},\boldsymbol{\beta}$，都有 V 中唯一的元素 $\boldsymbol{\gamma}$ 与之对应；$\boldsymbol{\gamma}$ 称为 $\boldsymbol{\alpha}$ 和 $\boldsymbol{\beta}$ 的和，记为 $\boldsymbol{\gamma}=\boldsymbol{\alpha}+\boldsymbol{\beta}$.

同样也可以定义向量的减法：对于线性空间 V 中的向量 $\boldsymbol{\alpha},\boldsymbol{\beta}$，规定

$$\boldsymbol{\alpha}-\boldsymbol{\beta}=\boldsymbol{\alpha}+(-\boldsymbol{\beta}).$$

(2) 另外，还能定义一种数域 F 的数与集合 V 的元素间的运算，叫做数乘.对于 V 中任何数 k 及集合 V 中任一元素 $\boldsymbol{\alpha}$，都有 V 中唯一的元素 $\boldsymbol{\delta}$ 与之对应；$\boldsymbol{\delta}$ 称为 k 与 $\boldsymbol{\alpha}$ 的数积，记为 $\boldsymbol{\delta}=k\boldsymbol{\alpha}$ 或 $\boldsymbol{\alpha}k$.

上述定义中的加法与数乘运算统称为线性运算.

(3) 线性运算具有如下性质：

对于任意的 $\boldsymbol{\alpha},\boldsymbol{\beta}\in V$ 及 $k,l\in\mathbf{R}$，满足：

① 加法交换律；

② 加法结合律；

③ V 中存在零元素，记为 $\mathbf{0}$，$\forall \boldsymbol{\alpha}\in V$，恒有 $\boldsymbol{\alpha}+\mathbf{0}=\boldsymbol{\alpha}$；

④ $\forall \boldsymbol{\alpha}\in V$，都有 $\boldsymbol{\alpha}$ 的负元素 $-\boldsymbol{\alpha}\in V$，使 $\boldsymbol{\alpha}+(-\boldsymbol{\alpha})=\mathbf{0}$；

⑤ $1\boldsymbol{\alpha}=\boldsymbol{\alpha}$；

⑥ $\boldsymbol{k}(l\boldsymbol{\alpha})=(kl)\boldsymbol{\alpha}$；

⑦ $(k+l)\boldsymbol{\alpha}=k\boldsymbol{\alpha}+l\boldsymbol{\alpha}$；

⑧ $k(\boldsymbol{\alpha}+\boldsymbol{\beta})=k\boldsymbol{\alpha}+k\boldsymbol{\beta}$.

2. 线性空间

在数域 F 上满足上述线性运算的集合 V 称为数域 F 上的一个线性空间.

线性空间亦称向量空间. 线性空间的元素称为向量，零元素称为零向量. 负元素称为负向量. 但此处的"向量"是广义的，并非一般的数组向量.

以例明理★★★

二阶全体矩阵的集合 V 构成一个实数域上的向量空间(线性运算封闭)，V 中的每个 2 阶矩阵都可称为 V 的向量(广义上的).

V 中任一向量 $\boldsymbol{A}=\begin{bmatrix}a & b\\ c & d\end{bmatrix}$ 都可由向量组 $\begin{bmatrix}1 & 0\\ 0 & 0\end{bmatrix}$，$\begin{bmatrix}0 & 1\\ 0 & 0\end{bmatrix}$，$\begin{bmatrix}0 & 0\\ 1 & 0\end{bmatrix}$，$\begin{bmatrix}0 & 0\\ 0 & 1\end{bmatrix}$ 线性表示，分别记作 $\boldsymbol{e}_1,\boldsymbol{e}_2,\boldsymbol{e}_3,\boldsymbol{e}_4$(他们是线性无关的)，从而

$$\boldsymbol{A}=a\boldsymbol{e}_1+b\boldsymbol{e}_2=c\boldsymbol{e}_3+d\boldsymbol{e}_4.$$

把 $\hat{\boldsymbol{A}}=(a,b,c,d)^{\mathrm{T}}$ 叫作 $\boldsymbol{A}$ 在基 $\boldsymbol{e}_1,\boldsymbol{e}_2,\boldsymbol{e}_3,\boldsymbol{e}_4$ 下的坐标.

由于 V 中任一向量都可由向量组 $\boldsymbol{e}_1,\boldsymbol{e}_2,\boldsymbol{e}_3,\boldsymbol{e}_4$ 线性表示，故也称 V 是由向量 $\boldsymbol{e}_1,\boldsymbol{e}_2,\boldsymbol{e}_3,\boldsymbol{e}_4$ 生成的子空间.

基中向量的个数称为基和其构成向量空间的维数. 因为基 $\boldsymbol{e}_1,\boldsymbol{e}_2,\boldsymbol{e}_3,\boldsymbol{e}_4$ 中向量的个数是 4，因此 V 是一个 4 维向量空间.

要点 2　线性空间的子空间

1. 线性子空间

设 V 是数域 F 上的线性空间，V_1 是 V 的一个非空子集. 若 V_1 对于 V 的线性运算也构成 F 上的线性空间，则称 V_1 为 V 的一个线性子空间，简称子空间.

任何线性空间 V 都是它自身的子空间. 只含 V 的零元素的集合 $\{0\}$ 也构成 V 的一个子空间，称为零子空间，简称零空间. V 和 $\{0\}$ 统称为平凡子空间.

2. 由向量组生成的子空间

设 V 是数域 F 上的线性空间，由 V 中的 s 个向量 $\boldsymbol{\alpha}_1,\boldsymbol{\alpha}_2,\cdots,\boldsymbol{\alpha}_s$ 所构成的集合 $V_1=$

$\{\boldsymbol{\alpha} \mid \boldsymbol{\alpha} = \sum_{i=1}^{n} k_i \boldsymbol{\alpha}_i, k_1, k_2, \cdots, k_s \in F\}$ 是 V 的一个子空间，并称其为由向量组 $\boldsymbol{\alpha}_1, \boldsymbol{\alpha}_2, \cdots, \boldsymbol{\alpha}_s$ 生成的子空间，记作 $L(\boldsymbol{\alpha}_1, \boldsymbol{\alpha}_2, \cdots, \boldsymbol{\alpha}_s)$，向量 $\boldsymbol{\alpha}_1, \boldsymbol{\alpha}_2, \cdots, \boldsymbol{\alpha}_s$ 称为子空间 $L(\boldsymbol{\alpha}_1, \boldsymbol{\alpha}_2, \cdots, \boldsymbol{\alpha}_s)$ 的生成元素.

以例明理 ★★

> 齐次线性方程组的全体解向量组成一个实数域上的子空间，这个子空间叫做齐次线性方程组的解空间，它是由基础解系生成的.

3. 子空间的判定定理

设 V 是数域 F 上的线性空间，若 V 的非空子集 V_1 对于 V 线性运算封闭（运算结果仍在其中），则 V_1 是 V 的子空间.

§2 线性空间的特征量与向量表示

要点 1 基与维数★★

1. 概　念

设 V 是数域 F 上的线性空间. 若 V 中存在 n 个向量 $\boldsymbol{\varepsilon}_1, \boldsymbol{\varepsilon}_2, \cdots, \boldsymbol{\varepsilon}_n$ 满足线性无关，且 V 中任何向量 $\boldsymbol{\alpha}$ 均可由 $\boldsymbol{\varepsilon}_1, \boldsymbol{\varepsilon}_2, \cdots, \boldsymbol{\varepsilon}_n$ 线性表示，则称 $\boldsymbol{\varepsilon}_1, \boldsymbol{\varepsilon}_2, \cdots, \boldsymbol{\varepsilon}_n$ 为 V 的一个基（或基底）.

基中向量的个数 n 称为线性空间 V 的维数，记为 $dimV$. 此时，V 也叫做 n 维线性空间. 零空间是不存在基的线性空间，规定零空间的维数为 0.

2. 相关结论

（1）n 维线性空间 V 中的任一向量 $\boldsymbol{\alpha}$ 必可由 V 的基 $\boldsymbol{\varepsilon}_1, \boldsymbol{\varepsilon}_2, \cdots, \boldsymbol{\varepsilon}_s$ 线性表示，且表示法唯一.

（2）线性空间的基（只要存在）必不唯一.

（3）有限维线性空间（基是有限多个线性无关的向量）的维数唯一确定.

（4）n 维线性空间中任意 n 个线性无关的向量均可构成它的一个基.

要点 2 坐标变换★★★

1. 向量的坐标

V 是数域 F 上的 n 维线性空间，$\boldsymbol{\varepsilon}_1, \boldsymbol{\varepsilon}_2, \cdots, \boldsymbol{\varepsilon}_n$ 是 V 的一个基，$\boldsymbol{\alpha}$ 是 V 中的一个向量. 数域 F 中必存在唯一的一组数 $a_1, a_2, \cdots, a_n$，使

$$\boldsymbol{\alpha}=a_1\boldsymbol{\varepsilon}_1+a_2\boldsymbol{\varepsilon}_2+\cdots+a_n\boldsymbol{\varepsilon}_n=(\boldsymbol{\varepsilon}_1,\boldsymbol{\varepsilon}_2,\cdots,\boldsymbol{\varepsilon}_n)\begin{bmatrix}a_1\\a_2\\\vdots\\a_n\end{bmatrix},$$

则称有序数组 $a_1,a_2,\cdots,a_n$ 为 $\boldsymbol{\alpha}$ 在基 $\boldsymbol{\varepsilon}_1,\boldsymbol{\varepsilon}_2,\cdots,\boldsymbol{\varepsilon}_n$ 下的坐标，记为 $\hat{\boldsymbol{\alpha}}$，即

$$\hat{\boldsymbol{\alpha}}=(a_1,a_2,\cdots,a_n)^{\mathrm{T}}.$$

可认为向量在某基下的坐标与该向量在该基条件下一定程度上是等价的.

以例明理

显然，$1,x,x^2$ 是线性空间 $\boldsymbol{R}[x]_3$ 的一个基.

因为 $1+x,2x,3+4x+2x^2$ 线性无关且向量个数也为 3，所以它也是线性空间 $\boldsymbol{R}[x]_3$ 的一个基.

向量 $2x^2-x+3$ 在基 $1,x,x^2$ 下的坐标为$\hat{\boldsymbol{\alpha}}_1=(3,-1,2)^{\mathrm{T}}$.

$(1+x,2x,3+4x+2x^2)=(1,x,x^2)\begin{bmatrix}1&0&3\\1&2&4\\0&0&2\end{bmatrix}$，故 $\boldsymbol{A}=\begin{bmatrix}1&0&3\\1&2&4\\0&0&2\end{bmatrix}$ 是由基 $1,x,x^2$ 到基 $1+x,2x,3+4x+2x^2$ 的过渡矩阵.

$(1,x,x^2)=(1+x,2x,3+4x+2x^2)\begin{bmatrix}1&0&3\\1&2&4\\0&0&2\end{bmatrix}^{-1}$，可见 $\boldsymbol{A}^{-1}$ 是由基 $1+x,2x,3+4x+2x^2$ 到基 $1,x,x^2$ 的过渡矩阵.

这两方面合起来就是基变换公式.

$2x^2-x+3=(1,x,x^2)\begin{bmatrix}3\\-1\\2\end{bmatrix}=(1+x,2x,3+4x+2x^2)\begin{bmatrix}1&0&3\\1&2&4\\0&0&2\end{bmatrix}^{-1}\begin{bmatrix}3\\-1\\2\end{bmatrix}$，故向量 $2x^2-x+3$ 在基 $1+x,2x,3+4x+2x^2$ 下的坐标为$\hat{\boldsymbol{\alpha}}_2=\begin{bmatrix}1&0&3\\1&2&4\\0&0&2\end{bmatrix}^{-1}\begin{bmatrix}3\\-1\\2\end{bmatrix}$.

可见，$\hat{\boldsymbol{\alpha}}_2=\boldsymbol{A}^{-1}\hat{\boldsymbol{\alpha}}_1$ 或$\hat{\boldsymbol{\alpha}}_1=\boldsymbol{A}\hat{\boldsymbol{\alpha}}_2$. 这便是坐标变换公式.

2. 基变换与坐标变换

(1) 基变换与过渡矩阵：

设 V 是数域 F 上的 n 维线性空间，$\boldsymbol{\varepsilon}_1,\boldsymbol{\varepsilon}_2,\cdots,\boldsymbol{\varepsilon}_n$ 及 $\boldsymbol{\varepsilon}'_1,\boldsymbol{\varepsilon}'_2,\cdots,\boldsymbol{\varepsilon}'_n$ 是 V 的两个基，并设

$$\begin{cases}\boldsymbol{\varepsilon}'_1=a_{11}\boldsymbol{\varepsilon}_1+a_{12}\boldsymbol{\varepsilon}_2+\cdots+a_{1n}\boldsymbol{\varepsilon}_n\\ \boldsymbol{\varepsilon}'_2=a_{21}\boldsymbol{\varepsilon}_1+a_{22}\boldsymbol{\varepsilon}_2+\cdots+a_{2n}\boldsymbol{\varepsilon}_n\\ \qquad\vdots\\ \boldsymbol{\varepsilon}'_n=a_{n1}\boldsymbol{\varepsilon}_1+a_{n2}\boldsymbol{\varepsilon}_2+\cdots+a_{nn}\boldsymbol{\varepsilon}_n\end{cases}\tag{7-1}$$

若令 $\boldsymbol{A}=\begin{bmatrix}a_{11}&a_{12}&\cdots&a_{1n}\\a_{21}&a_{22}&\cdots&a_{2n}\\\vdots&\vdots&&\vdots\\a_{n1}&a_{n2}&\cdots&a_{nn}\end{bmatrix}$，则 $\boldsymbol{A}$ 中第 i 列恰是向量在基下的坐标.

显然，矩阵 $\boldsymbol{A}$ 是唯一确定的，且可逆. 式(7-1)可写成

$$(\boldsymbol{\varepsilon}'_1,\boldsymbol{\varepsilon}'_2,\cdots,\boldsymbol{\varepsilon}'_n)=(\boldsymbol{\varepsilon}_1,\boldsymbol{\varepsilon}_2,\cdots,\boldsymbol{\varepsilon}_n)\boldsymbol{A}\tag{7-2}$$

通常把式(7-1)、式(7-2)称为由基 $\boldsymbol{\varepsilon}_1,\boldsymbol{\varepsilon}_2,\cdots,\boldsymbol{\varepsilon}_n$ 到基 $\boldsymbol{\varepsilon}'_1,\boldsymbol{\varepsilon}'_2,\cdots,\boldsymbol{\varepsilon}'_n$ 的变换公式.

$\boldsymbol{A}$ 称为由基 $\boldsymbol{\varepsilon}_1,\boldsymbol{\varepsilon}_2,\cdots,\boldsymbol{\varepsilon}_n$ 到基 $\boldsymbol{\varepsilon}'_1,\boldsymbol{\varepsilon}'_2,\cdots,\boldsymbol{\varepsilon}'_n$ 的过渡矩阵(变换矩阵).

在式(7-2)两端右乘 $\boldsymbol{A}^{-1}$，得

$$(\boldsymbol{\varepsilon}_1,\boldsymbol{\varepsilon}_2,\cdots,\boldsymbol{\varepsilon}_n)=(\boldsymbol{\varepsilon}'_1,\boldsymbol{\varepsilon}'_2,\cdots,\boldsymbol{\varepsilon}'_n)\boldsymbol{A}^{-1}.\tag{7-3}$$

式(7-3)说明由基 $\boldsymbol{\varepsilon}_1,\boldsymbol{\varepsilon}_2,\cdots,\boldsymbol{\varepsilon}_n$ 到基 $\boldsymbol{\varepsilon}'_1,\boldsymbol{\varepsilon}'_2,\cdots,\boldsymbol{\varepsilon}'_n$ 的过渡矩阵恰是由基 $\boldsymbol{\varepsilon}'_1,\boldsymbol{\varepsilon}'_2,\cdots,\boldsymbol{\varepsilon}'_n$ 到基 $\boldsymbol{\varepsilon}_1,\boldsymbol{\varepsilon}_2,\cdots,\boldsymbol{\varepsilon}_n$ 的过渡矩阵的逆矩阵.

(2) 坐标变换：

在 n 维线性空间 V 中，设向量 $\boldsymbol{\alpha}$ 在基 $\boldsymbol{\varepsilon}_1,\boldsymbol{\varepsilon}_2,\cdots,\boldsymbol{\varepsilon}_n$ 及 $\boldsymbol{\varepsilon}'_1,\boldsymbol{\varepsilon}'_2,\cdots,\boldsymbol{\varepsilon}'_n$ 下的坐标分别为 $(x_1,x_2,\cdots,x_n)^{\mathrm T}$ 及 $(x'_1,x'_2,\cdots,x'_n)^{\mathrm T}$. 若两基间的变换如式(7-2)，则有坐标变换式

$$\begin{cases}(x_1,x_2,\cdots,x_n)^{\mathrm T}=\boldsymbol{A}(x'_1,x'_2,\cdots,x'_n)^{\mathrm T}\\(x'_1,x'_2,\cdots,x'_n)^{\mathrm T}=\boldsymbol{A}^{-1}(x_1,x_2,\cdots,x_n)^{\mathrm T}\end{cases}.$$

【举例】

1. 求线性空间 R^4 中由向量组

$$\boldsymbol{\alpha}_1=\begin{bmatrix}2\\0\\1\\2\end{bmatrix},\quad\boldsymbol{\alpha}_2=\begin{bmatrix}-1\\1\\0\\3\end{bmatrix},\quad\boldsymbol{\alpha}_3=\begin{bmatrix}0\\2\\1\\1\end{bmatrix},\quad\boldsymbol{\alpha}_4=\begin{bmatrix}5\\-1\\2\\1\end{bmatrix}$$

所生成的子空间的维数和一个基.

2. 求线性空间 $V=\left\{\begin{bmatrix}0&a\\a&b\end{bmatrix}\middle|\,a,b\in\boldsymbol{R}\right\}$ 的一个基和维数.

3. 设线性空间 $R^{n\times n}$ 中一组基

$$\boldsymbol{E}_1=\begin{bmatrix}0&1\\1&1\end{bmatrix},\quad\boldsymbol{E}_2=\begin{bmatrix}1&0\\1&1\end{bmatrix},\quad\boldsymbol{E}_3=\begin{bmatrix}1&1\\0&1\end{bmatrix},\quad\boldsymbol{E}_4=\begin{bmatrix}1&1\\1&0\end{bmatrix}.$$

求 $\boldsymbol{A}=\begin{bmatrix}0&1\\2&-3\end{bmatrix}$ 在这组基下的坐标.

4. 设有两组基

$$\boldsymbol{\xi}_1=(0,1,1)^{\mathrm{T}},\quad \boldsymbol{\xi}_2=(1,0,1)^{\mathrm{T}},\quad \boldsymbol{\xi}_3=(1,1,0)^{\mathrm{T}};$$

$$\boldsymbol{\eta}_1=(1,0,0)^{\mathrm{T}},\quad \boldsymbol{\eta}_2=(1,1,0)^{\mathrm{T}},\quad \boldsymbol{\eta}_3=(1,1,1)^{\mathrm{T}}.$$

(1) 求由基 $\boldsymbol{\xi}_1,\boldsymbol{\xi}_2,\boldsymbol{\xi}_3$ 到基 $\boldsymbol{\eta}_1,\boldsymbol{\eta}_2,\boldsymbol{\eta}_3$ 的过渡矩阵 $\boldsymbol{C}$；

(2) 求 $\boldsymbol{\alpha}=\boldsymbol{\eta}_1+3\boldsymbol{\eta}_2+5\boldsymbol{\eta}_3$ 关于基 $\boldsymbol{\xi}_1,\boldsymbol{\xi}_2,\boldsymbol{\xi}_3$ 的坐标，$\boldsymbol{\beta}=\boldsymbol{\xi}_1+2\boldsymbol{\xi}_2+3\boldsymbol{\xi}_3$ 关于基 $\boldsymbol{\eta}_1,\boldsymbol{\eta}_2,\boldsymbol{\eta}_3$ 的坐标.

5. 验证 $\boldsymbol{\alpha}_1=\begin{bmatrix}1\\-1\\0\end{bmatrix},\boldsymbol{\alpha}_2=\begin{bmatrix}2\\1\\3\end{bmatrix},\boldsymbol{\alpha}_3=\begin{bmatrix}3\\1\\2\end{bmatrix}$ 为 R^3 的一个基，并求向量 $\boldsymbol{\beta}_1=\begin{bmatrix}5\\0\\7\end{bmatrix},\boldsymbol{\beta}_2=\begin{bmatrix}-9\\-8\\-13\end{bmatrix}$ 在这组基下的坐标.

6. 设 R^3 中由基 $\boldsymbol{\alpha}_1,\boldsymbol{\alpha}_2,\boldsymbol{\alpha}_3$ 到基 $\boldsymbol{\beta}_1,\boldsymbol{\beta}_2,\boldsymbol{\beta}_3$ 的过渡矩阵为 $\boldsymbol{A}=\begin{bmatrix}1&1&-1\\-1&1&1\\1&-1&1\end{bmatrix}$，

(1) 若基 $\boldsymbol{\alpha}_1=(1,0,0),\boldsymbol{\alpha}_2=(1,1,0),\boldsymbol{\alpha}_3=(1,1,1)$，试求基 $\boldsymbol{\beta}_1,\boldsymbol{\beta}_2,\boldsymbol{\beta}_3$；

(2) 若基 $\boldsymbol{\beta}_1=(0,1,1),\boldsymbol{\beta}_2=(1,0,2),\boldsymbol{\beta}_3=(2,1,0)$，试求基 $\boldsymbol{\alpha}_1,\boldsymbol{\alpha}_2,\boldsymbol{\alpha}_3$.

【解析】

1. 解：

$$(\boldsymbol{\alpha}_1,\boldsymbol{\alpha}_2,\boldsymbol{\alpha}_3,\boldsymbol{\alpha}_4)=\begin{bmatrix}2&-1&0&5\\0&1&2&-1\\1&0&1&2\\2&3&1&1\end{bmatrix}\to\begin{bmatrix}1&0&1&2\\0&1&2&-1\\0&-1&-2&1\\0&3&-1&-3\end{bmatrix}\to\begin{bmatrix}1&0&0&2\\0&1&0&-1\\0&0&1&0\\0&0&0&0\end{bmatrix},$$

故 $R(\boldsymbol{\alpha}_1,\boldsymbol{\alpha}_2,\boldsymbol{\alpha}_3,\boldsymbol{\alpha}_4)=3$. 又

$$\begin{vmatrix}1&0&0\\0&1&0\\0&0&1\end{vmatrix}=1\neq0,\quad \begin{vmatrix}0&0&2\\1&0&-1\\0&1&0\end{vmatrix}=2\neq0,\quad \begin{vmatrix}1&0&2\\0&0&-1\\0&1&0\end{vmatrix}=1\neq0,$$

故 $\boldsymbol{\alpha}_1,\boldsymbol{\alpha}_2,\boldsymbol{\alpha}_3$(或 $\boldsymbol{\alpha}_1,\boldsymbol{\alpha}_3,\boldsymbol{\alpha}_4$ 或 $\boldsymbol{\alpha}_2,\boldsymbol{\alpha}_3,\boldsymbol{\alpha}_4$)构成 $\boldsymbol{\alpha}_1,\boldsymbol{\alpha}_2,\boldsymbol{\alpha}_3,\boldsymbol{\alpha}_4$ 的一个极大无关组.

综上，所生成的子空间维数为 3，基为 $\boldsymbol{\alpha}_1,\boldsymbol{\alpha}_2,\boldsymbol{\alpha}_3$(或 $\boldsymbol{\alpha}_1,\boldsymbol{\alpha}_3,\boldsymbol{\alpha}_4$，或 $\boldsymbol{\alpha}_2,\boldsymbol{\alpha}_3,\boldsymbol{\alpha}_4$).

2. 解：

对于 V 中向量 $\boldsymbol{E}_1=\begin{bmatrix}0&1\\1&0\end{bmatrix},\boldsymbol{E}_2=\begin{bmatrix}0&0\\0&1\end{bmatrix}$，它们线性无关，且能线性表示 V 中所有向量，所以它们是 V 的一个基，从而线性空间 V 的维数为 2.

3. 解：

设 $\boldsymbol{A}=x_1\boldsymbol{E}_1+x_2\boldsymbol{E}_2+x_3\boldsymbol{E}_3+x_4\boldsymbol{E}_4$，则

$$\begin{cases}x_2+x_3+x_4=0\\x_1+x_3+x_4=1\\x_1+x_2+x_4=2\\x_1+x_2+x_3=-3\end{cases}\text{，解得}\begin{cases}x_1=0\\x_2=-1\\x_3=-2\\x_4=3\end{cases}.$$

故所求坐标为 $\boldsymbol{x}=(0,-1,-2,3)^{\mathrm{T}}$.

4. 解：

(1) 由于$(\boldsymbol{\eta}_1,\boldsymbol{\eta}_2,\boldsymbol{\eta}_3)=(\boldsymbol{\xi}_1,\boldsymbol{\xi}_2,\boldsymbol{\xi}_3)\boldsymbol{C}$，故所求过渡矩阵

$$\boldsymbol{C}=(\boldsymbol{\xi}_1,\boldsymbol{\xi}_2,\boldsymbol{\xi}_3)^{-1}(\boldsymbol{\eta}_1,\boldsymbol{\eta}_2,\boldsymbol{\eta}_3)=\begin{bmatrix}0&1&1\\1&0&1\\1&1&0\end{bmatrix}^{-1}\begin{bmatrix}1&1&1\\0&1&1\\0&0&1\end{bmatrix}$$

$$=\begin{bmatrix}-\frac{1}{2}&\frac{1}{2}&\frac{1}{2}\\\frac{1}{2}&-\frac{1}{2}&\frac{1}{2}\\\frac{1}{2}&\frac{1}{2}&-\frac{1}{2}\end{bmatrix}\begin{bmatrix}1&1&1\\0&1&1\\0&0&1\end{bmatrix}=\begin{bmatrix}-\frac{1}{2}&0&\frac{1}{2}\\\frac{1}{2}&0&\frac{1}{2}\\\frac{1}{2}&1&\frac{1}{2}\end{bmatrix}.$$

(2) 在基 $\boldsymbol{\eta}_1,\boldsymbol{\eta}_2,\boldsymbol{\eta}_3$ 下的坐标为 $\begin{bmatrix}1\\3\\5\end{bmatrix}$，故 $\boldsymbol{\alpha}$ 在基 $\boldsymbol{\xi}_1,\boldsymbol{\xi}_2,\boldsymbol{\xi}_3$ 下的坐标为

$$\hat{\boldsymbol{\alpha}}=\boldsymbol{C}\begin{bmatrix}1\\3\\5\end{bmatrix}=\begin{bmatrix}2\\3\\6\end{bmatrix}.$$

$\boldsymbol{\beta}$ 在基 $\boldsymbol{\xi}_1,\boldsymbol{\xi}_2,\boldsymbol{\xi}_3$ 下的坐标为 $\begin{bmatrix}1\\2\\3\end{bmatrix}$，故 $\boldsymbol{\beta}$ 在基 $\boldsymbol{\eta}_1,\boldsymbol{\eta}_2,\boldsymbol{\eta}_3$ 下的坐标为

$$\boldsymbol{\beta}=\boldsymbol{C}^{-1}\begin{bmatrix}1\\2\\3\end{bmatrix}=\begin{bmatrix}-1&1&0\\0&-1&1\\1&1&0\end{bmatrix}\begin{bmatrix}1\\2\\3\end{bmatrix}=\begin{bmatrix}1\\1\\3\end{bmatrix}.$$

5. 解：由于

$$\begin{bmatrix}1&2&3&-5&9\\-1&1&1&0&-8\\0&3&2&7&-13\end{bmatrix}\xrightarrow{\text{初等行变换}}\begin{bmatrix}1&&&2&3\\&1&&3&-3\\&&1&-1&-2\end{bmatrix},$$

故$(\boldsymbol{\alpha}_1,\boldsymbol{\alpha}_2,\boldsymbol{\alpha}_3)\cong\boldsymbol{E}$，从而 $\boldsymbol{\alpha}_1,\boldsymbol{\alpha}_2,\boldsymbol{\alpha}_3$ 线性无关，即其为 R^3 的一个基；$\boldsymbol{\beta}_1,\boldsymbol{\beta}_2$ 在基 $\boldsymbol{\alpha}_1,\boldsymbol{\alpha}_2,\boldsymbol{\alpha}_3$ 下的坐标分别为$(2,3,-1)^{\mathrm{T}}$，$(3,-3,-2)^{\mathrm{T}}$.

6. 解：

(1) 根据过渡矩阵的定义，有

$$(\boldsymbol{\beta}_1,\boldsymbol{\beta}_2,\boldsymbol{\beta}_3)=(\boldsymbol{\alpha}_1,\boldsymbol{\alpha}_2,\boldsymbol{\alpha}_3)\boldsymbol{A}$$

$$=\begin{bmatrix}1&1&1\\0&1&1\\0&0&1\end{bmatrix}\begin{bmatrix}1&1&-1\\-1&1&1\\1&-1&1\end{bmatrix}=\begin{bmatrix}1&1&1\\0&0&2\\1&-1&1\end{bmatrix},$$

故 $\boldsymbol{\beta}_1=(1,0,1)^{\mathrm{T}},\boldsymbol{\beta}_2=(1,0,-1)^{\mathrm{T}},\boldsymbol{\beta}_3=(1,2,1)^{\mathrm{T}}$.

(2) 由 $(\boldsymbol{\beta}_1,\boldsymbol{\beta}_2,\boldsymbol{\beta}_3)=(\boldsymbol{\alpha}_1,\boldsymbol{\alpha}_2,\boldsymbol{\alpha}_3)A$ 得

$$(\boldsymbol{\alpha}_1,\boldsymbol{\alpha}_2,\boldsymbol{\alpha}_3)=(\boldsymbol{\beta}_1,\boldsymbol{\beta}_2,\boldsymbol{\beta}_3)\mathbf{A}^{-1}$$

$$=\begin{bmatrix}0&1&2\\1&0&1\\1&2&0\end{bmatrix}\begin{bmatrix}\frac{1}{2}&0&\frac{1}{2}\\\frac{1}{2}&\frac{1}{2}&0\\0&\frac{1}{2}&\frac{1}{2}\end{bmatrix}=\begin{bmatrix}\frac{1}{2}&\frac{3}{2}&1\\\frac{1}{2}&\frac{1}{2}&1\\\frac{3}{2}&1&\frac{1}{2}\end{bmatrix},$$

故 $\boldsymbol{\alpha}_1=(\frac{1}{2},\frac{1}{2},\frac{3}{2})^{\mathrm{T}},\boldsymbol{\alpha}_2=(\frac{3}{2},\frac{1}{2},1)^{\mathrm{T}},\boldsymbol{\alpha}_3=(1,1,\frac{1}{2})^{\mathrm{T}}$.